水利水电工程设计与管理研究

李俊峰 张 俊 王 明 著

中国纺织出版社有限公司

图书在版编目（CIP）数据

水利水电工程设计与管理研究 / 李俊峰，张俊，王明著. -- 北京：中国纺织出版社有限公司，2022.12

ISBN 978-7-5229-0242-5

Ⅰ.①水… Ⅱ.①李…②张…③王… Ⅲ.①水利水电工程—工程设计②水利水电工程—工程管理 Ⅳ.①TV

中国版本图书馆 CIP 数据核字（2022）第 248478 号

责任编辑：柳华君　　责任校对：高　涵　　责任印制：储志伟

中国纺织出版社有限公司出版发行
地址：北京市朝阳区百子湾东里 A407 号楼　邮政编码：100124
销售电话：010—67004422　传真：010—87155801
http://www.c-textilep.com
中国纺织出版社天猫旗舰店
官方微博 http://weibo.com/2119887771
天津千鹤文化传播有限公司印刷　　各地新华书店经销
2022 年 12 月第 1 版第 1 次印刷
开本：787×1092　1/16　印张：11.5
字数：217 千字　定价：98.00 元

凡购本书，如有缺页、倒页、脱页，由本社图书营销中心调换

  人们生活水平与水利水电工程建设息息相关，这就需要管理人员加强对水利水电工程建设的管理工作。新时期需要对水利水电工程建设管理思路不断创新。创新水利水电工程建设管理是要在原有施工标准的基础上，结合新型的管理理念和技术，采用更加先进的管理工作模式，增强工作人员的质量意识和责任意识，使其具有前卫的思想意识，构建一支充满干劲的施工队伍。水资源被人们广泛应用于工作和生活中，水资源的合理利用能促进人类进步和社会不断发展。新时期的水利建设需要不断改进管理工作，以适应社会的发展，但是新型水利水电工程施工技术存在一定难度，如施工量大、工序交叉、施工工期短及施工难度较高等，因此，需要水利建设部门的管理和技术人员不断创新管理工作，开拓新型的管理思路。国家对水利水电工程的重视度逐渐提高，不断投入新的设备、资源、技术和施工材料，极大地改变了之前的管理工作模式。管理工作通过不断创新，涌现出信息化管理技术、自动化监控技术等新兴技术。管理工作在创新的同时，也要进行制度改革，为工作人员建立完善的水利管理考核制度，不断完善水利水电工程建设的管理工作。

  新时期水利水电工程建设管理主要包括两方面内容：一是管理水利水电工程建设的使用。大部分水利水电工程建设需要全方位的技术的支撑，因此，需要技术人员通晓多门类知识，掌握地方自然资源的详细情况，这样制定的水利水电工程建设方案才更加合理、科学。二是要严格管理水利水电工程的养护，避免发生危险情况。要加强对水利水电工程建设的全过程管理，才能更好地实现上述目标。基于此，《水利水电工程设计与管理研究》在论述了水利水电工程管理的内容之上，又分析了如何做好水利水电施工设计以及管理工作。本书共八章，其中：第一章与第二章是导论与水利水电工程的理论基础；第三章是水利水电工程施工设计概述；第四章论述了水利水电工程施工影响因素；第五章论述了水利水电工程施工组织设计；第六章论述了水利水电工程施工图预算与预算编制；第七章论述了水利水电工程施工管理的内容；第八章论述了水利水电工程施工管理的措施。

著　者

2022 年 9 月

目 录
CONTENTS

第一章

导　论

第一节　研究背景

2020 年，党的十九届五中全会审议并通过了《中共中央关于制定国民经济和社会发展第十四个五年规划和二〇三五年远景目标的建议》。2021 年 2 月 21 日，《中共中央国务院关于全面推进乡村振兴加快农业农村现代化的意见》，即 2021 年中央一号文件发布。中央一号文件的发布，为做好当前及今后一段时期内的"三农"工作指明了方向。我国自古以来就是一个农业大国，且是一个以小农为主的农业国家，在未来很长一段时间内，仍然是一个小农占据较大比重的国家。当前我国人多地少，逐渐进入人口老龄化时代，在这样的背景下，如何实现乡村振兴，端牢手中的饭碗，保障粮食安全生产和重要农产品的有效供给就显得尤为重要，而保障粮食安全生产及重要农产品的有效供给，离不开农田水利水电工程的建设和管理。

水利水电工程建设是一项专业性及综合性都极强的建筑施工活动，其建设涉及的范围非常广泛，持续的时间也较长，需要投入较多的资金进行施工建设，而且，不同地区开展水利水电工程建设，其所处的地理环境及水文条件也各不相同，要想确保建设的质量，必须根据其地理环境及水文条件，进行科学设计，并开展精细化管理，这样才能确保施工活动的顺利进行，各环节之间不会发生冲突，做到默契配合。

因为水利水电工程施工范围较广，涉及较多的区域，如水利、土木、电力、资源以及环境保护等诸多学科的知识。因此，在水利水电工程施工管理工作中，管理人员必须将这些知识进行有机的整合，促使每一个学科的知识都能发挥出最大的作用，从而确保施工的顺利进行。

水利水电工程建设与我国的农业生产、民生问题以及生态环境都有着十分密切的关系，在农业水价综合改革的背景下，必须高度重视水利水电工程建设及管理工作，应积极结合施工所在地具体的情况，采取有效的施工建设与管理措施，保证水利水电工程建设的质量，从而充分发挥出水利水电工程项目的作用，更好地促进乡镇农业和农村经济的健康、持续发展。但就目前而言，我国水利水电工程建设中仍或多或少地存在一定的问题和不足，特别是在建筑设计和建筑手段等方面，存在较多问题。在此背景下，《水利水电工程设计与管理研究》在论述了水利水电工程管理的内容之上，又分析了如何做好水利水电施工设计以及管理工作。

第二节　研究综述

一、中国当代水利史研究综述

水利建设与国家的经济发展及社会长治久安之间有着密切的关联，我国是一个有着悠久治水传统的国家，中华人民共和国成立初期水利建设就得到了国家的高度重视与支持，随着时代的推进与变迁，水利事业更是获得了长足的发展。水利建设的诸多实践以及积累的经验，为中国当代水利史研究提供了丰富的素材和资源，由此使水利史研究不断向前发展，涌现出了诸多优秀的研究成果。

（一）中国当代水利史研究的初始阶段

1. 水利档案文献的系统整理

中国当代水利史的研究起步于对相关档案文献的收集与整理。改革开放初期，为了有效推进我国水利事业的发展，在国家的部署及相关部门的组织下，专业性志书、年鉴等的编撰工作全面开启，水利相关文献资料的汇编工作也在同步推进。1982年，《当代中国》丛书编撰工作开始，它以分门别类的形式介绍和论述了新中国成立后各行各业的总体发展状况，水利作为一个重要的门类自然也包含在内。涵盖了从1949年到1978年所有的全国性水利会议报告文件的《当代中国的水利事业》历时5年终于编撰完成，它向人们介绍了新中国成立初期水利事业整体的发展情况，呈现了其中取得的成绩与存在的问题。另则，在《当代中国》的各省市卷中，也有关于水利建设的论述，其着眼点在于不同省市具体的水利事业发展进程，例如《当代中国》的云南卷、河南卷中即针对自身水利建设状况进行了阐述，云南水利建设的突出特点在于蓄、提、引并举，《当代中国》河南卷则围绕水利建设出版了针对性的单行本，详细介绍了1949—1992年河南省的水利建设与发展。

除了《当代中国》外，志书的修撰工作也在同步推进，1983年，"中国地方志指导小组"成立，在其领导与指挥下，各地的志书修纂工作全面恢复，水利电力部也组织了专门针对水利的志书修编工作。在这些志书中，大量兴修水利的相关史实被记录，这些珍贵的史料为水利事业的研究及发展转达提供了极大助益。当前伴随数字信息技术的发展，江河水利志数据库已然建成，各类水利志书摆脱了纸质介质的局限，以全新的电子数据形态出现，这既便利了书籍的搜索、整理、查阅，也使资源共享成为可能。

《中国水利年鉴》也是重要的水利档案文献，每年一册的水利年鉴涵盖了江河治理、水利统计、水利综合管理等主题，此外，各地方的水利年鉴更是以地方为重点详细记述了相关的政策法规、水利大事等内容，这些资料为水利史的研究提供了极大便利。

2. 水利史研究所的研究工作

中国当代水利史的研究必然会涉及一个重要的专业性研究机构，即水利史研究所。它的前身是成立于1936年的整理水利文献室，它由国民政府主导规建。中华人民共和国成立后，1956年整理水利文献室被编入北京水利水电科学研究院，由此获得了全新的名称，即水利史研究所。纵览研究所的发展沿革，不难发现其中不乏一些德高望重的科研学者，如系统整编了黄河、长江等河流的河工档案，为这些水域的治理和开发做出了突出贡献的武同、赵世暹，在水利管理和统计方面卓有建树的黄万里、张念祖等人。尤其是中华人民共和国成立，研究所正式转型定名后，姚汉源、周魁一作为研究团队中的领军性人物，带领全体研究人员孜孜以求地研究中国水利建设发展的各项事宜，取得了辉煌的成绩。姚汉源作为水利史研究的创作者和奠基人，以其严谨的治学作风、贯古通今的学术能力，在中国古代至近代的水利发展研究中屡获佳绩，为推动中国水利事业的发展做出了卓越的贡献，他针对王景治河、京杭运河史等进行了专门的研究，希望从古人的治河经验与智慧中汲取养分，以达到古为今用的治学目的，他在系统研究的基础上编纂了《中国水利史纲要》，为后世学者提供了丰富的水利研究理论和实践指导。周魁一对水利研究的突出贡献在于他提出了"历史模型"的研究方法，他认为社会科学重视整体与全局，关注对泛在关系的研究，由此即可对着眼于细节与局部、追求细密性与定量性的自然科学研究提供思路及方法上的借鉴。就水利史研究而言，古代治水实践相当于一个有着丰富现代应用价值的历史模型，它在千百年里积累了大量的方法与技术，通过研究典籍文献，了解古代治水状况，即可一窥水利内在的机制与规律，从而助力于当代水利事业的发展，姚汉源、周魁二人立足当代，回顾历史的水利研究实践体现了古今智慧的交汇与融合，他们的研究成果对我国水利事业的健康有序发展有重要意义。

（二）中国当代水利史研究的突破与发展

1. 水利史研究主题不断拓展

伴随着水利史研究的发展，其研究主题、方向呈现出逐步扩大拓展的趋势，传统研究主题以水利科技为主，如周魁一等人的研究，将重点放在防洪减灾的举措层面，希望找到更好的方法、更加有效的措施来避免水害的发生。这一研究方向代表了科研院所在很长一段时间以来的研究视角，但随着时代的变迁，水利史研究的理念和角度也在发生变化，当代水利史研究主题已由治水方略等的探讨转变为更加多元化的主题方向，如江河的治理与开发、重大水利工程建设、中华人民共和国成立初期的群众性农田水利建设、水利建设中的领袖人物及战线领导人等，笔者将分别对其展开论述。

（1）江河的治理与开发。当代水利史的研究必然会涉及新中国成立后对长江、黄河等的治理实践。相关的研究有很多，如学者高俊、吕志茹等皆对此进行了系统研究，并出版和发表了相应的著作和论文，高俊的关注重点在于围绕这些水系的治理而采取的措施、方略以及建设的水利工程，他运用历史学方法展开了深度研究，人们从研究中可以发现在这些关键水系的治理过程中会出现不同的方案与措施，而孰优孰劣则会在治理实践中得到验证，江河治理是一项系统工程，它的推进与实施体现了国家的治理能力与治理决心。吕志茹围绕海河的治理实践展开研究，他将国家——社会理论应用于研究过程中，对根治海河运动的启示与不足进行了详尽分析。

（2）重大水利工程建设。水利事业发展离不开水利工程的建设，新中国成立后，为推进水利事业的发展，国家先后兴建了诸多大型水利工程，其中包括荆江分洪、官厅水库等防洪减灾工程，河套灌区等农田水利工程，引黄入卫等调水工程以及三门峡、小浪底等水力发电工程，许多学者针对这些工程的建设展开研究。其中极具代表性的如武菲，他的研究重点在于三峡工程的建设历程，他在查阅了大量史料，走访了多个部门机构，在展开实地调研的基础上论述了三峡工程从设想到完成的历史过程，其间的曲折与艰难不言而喻，对许多决策的制定与出台也作了详尽阐述，并深入浅出地分析了从三峡工程建设实践中取得的经验、获得的教训。

（3）新中国成立初期的群众性。新中国成立初期，农田水利建设运动方兴未艾，其所产生的影响是非常深远的，在《水利辉煌 50 年》等著作中曾有对此的研究论述。此后相关主题研究不断升温，取得了诸多研究成果，学者王瑞芳、刘俊浩、罗兴佐等都从不同维度对此进行了研究。比如，王瑞芳就其研究结论出版了《当代农村的水利建设》研究专著，针对农田水利主题展开的研究主要涉及的时间段为 1949 年到 1965 年，学者们重点研究了这一段历史时期内农田水利运动的机制、组织方式、群众动员过程、人民公社化运动及影响等，该主题的研究为当代水利史系统研究奠定了坚实的基础。

（4）水利建设中的领袖人物及战线。任何社会发展建设都离不开人的积极作为与大力推动，水利建设亦是如此，党中央几代领导人都非常重视和关心水利事业的发展，由此，有很多学者从领袖人物对水利建设的推动与促进角度出发进行了一系列研究。例如，华利、王琳等人围绕毛泽东的水利事业发展建设思想展开了研究，重点探讨了其"水利史关系经济发展和社会长治久安的重要因素"等思想观点；曹应旺、房士鸿等人专门研究了周恩来的水利发展思想，指出其思想中关于生态环境保护的内容非常具有前瞻性。此外，还有很多学者研究了当代中央领导人的水利观点与思想，并深入分析了其哲学启示与实践意义。另则，在水利建设发展过程中，很多战线领导人、行业先驱者做出了卓越的贡献，他们中很多人围绕水利实践出版了回忆录，如林一山、李锐、袁隆等，哲学回忆录成为后世学者研究水利史的重要文献资源，高俊及其研究生针对水利战线这些先驱人物展开了研究，论述了他们的水利思想及治水业绩。

2.研究成果分析

随着水利史研究不断推进，在相关学者们孜孜以求、不懈努力的研究实践中，各项研究成果纷纷涌现，他们代表了中国当代水利史研究的深度与高度，在水利研究的累累硕果中，最具代表性、学术价值也最为丰富的当数学者王瑞芳及刘彦文的研究，他们二人分别在自身研究结果的基础上撰写出版了专业性的研究专著，这为他们带来了很高的学术声誉。首先，王瑞芳及其《当代中国水利史》。王瑞芳撰写的《当代中国水利史》为人们了解全国及各省水利建设发展状况提供了有效途径，它是高水平水利通史的典型代表。该书主要介绍了新中国成立初期到改革开放后的江河治理及农田水利建设，它以时间为序展开论述，从新中国成立初期写到改革开放新时期，并体现了纪事本末体的特点，专门辟出章节探讨了三门峡水利工程及海河治理开发，由此全方位地向人们展现了中国水利建设发展图景。在该著作中，作者还公允地评判了水利事业发展过程中的利弊得失，指出了其中的问题与不足，该专著的问世对水利史研究具有重要的意义与价值。

其次，刘彦文及其《工地社会——引洮上山水利工程的革命，集体主义与现代化》。如果说王瑞芳及其专著是从整体全局的角度来阐述水利事业发展进程，那么刘彦文及其专著则是从个案研究的角度来生发主体。刘彦文的这本专著核心特点在于构建了新的话语体系，提出了"工地社会"的概念，他围绕20世纪五六十年代甘肃引洮上山水利工程的建设展开研究，以文献档案、访谈资料为重要的研究资源，展现了兴建水利工程过程中出现的"工地社会"的日常图景，由此来说明社会主义集中力量办大事的体制特征，"工地社会"成为一种临时社会，各类身份的人们出现在该场域中，自觉地扮演着既定的角色，无论是民工还是干部，他们都在工地社会中发挥着积极作用，在水利工程建设中做出了自己的贡献。

3. 国外研究学者对中国水利史的关注

国外诸多学者对中国水利史也进行过深入的研究，但其研究的重点多集中于宋朝到清朝这一历史时期内的水利发展状况，比如学者魏特夫、篮克利、好并隆司、鹤间和幸、川胜守等，他们从不同角度研究了中国古代的水利建设问题，并取得了较为丰富的成果。海外学者对于中国当代水利史的研究，则是最近几十年才开始的，研究的视角主要集中于政治与环境之间的辩证关系。学者皮大卫比较了古今的治水实践，认为中国水利发展存在延续性的问题，新中国成立初期的水利建设在很大程度上承继了传统治水的特点，皮大卫的研究建立在对《人民日报》等文献及重点水利工程建设实践的梳理基础上，他的关注视角主要集中在华北水环境。

此外，皮大卫还探讨了森林保护、水资源治理等主题，对不惜牺牲环境来发展水利的做法持否定态度。

（三）中国水利史研究路径的变迁

1. 研究领域与方向由单一性向多元化迁移

水利史研究开始于20世纪30年代，由于认知的局限及特定的时代背景，初期的水利史研究皆以水利工程技术为重点，研究者也多为水利领域的专业学者，他们利用自身的学术优势研究治水方略、水利工程规划与实施等更具技术性特点的问题，学者们长期局限于这种单一的研究范式中，缺乏突破的意识与决心，由此导致水利研究存在视野狭窄、角度刻板等问题，虽然这种更重视专业技术的研究在一定程度上符合当时国家建设与发展的需要，但它无益于水利研究的可持续健康发展，与现代研究理念也不相符。我国水利研究的奠基者姚汉源等人早已意识到了这一问题，因此，他们积极地拓展与发散研究的方向，站在其他学科的角度来审视水利事业的发展，但在很长一段时间里，这种单一化的水利研究依然占据主导地位，直到 21 世纪初，在社会发展的推动下，伴随着水利档案资料整理研究工作取得了较大的进展，才开始有社会史、党史等其他学科背景的人逐步加入水利史研究的行列，他们从自身专业出发重新审视与看待水利建设发展，由此为水利研究提供了诸多新的视角与思路。水利史研究终于打破了单一化的窠臼，向更加多元化、多面向的方向发展。

2. 研究视角由国家向区域转变

随着水利史研究的不断发展，学者们的研究视角逐步由国家宏观向区域个案转变。传统研究中，学者们习惯于站在全局和整体的角度，即站在国家视角来研究和探讨水利问题，由此不可避免地带来了忽视个性特征的弊端，现当代的水利史研究则注意到了区域化视角的重要性，区域的水利建设状况引起了关注和研究，但其间存在两个凸显的问题，即区域研究与宏观研究往往会得出同样的结论以及个案的特殊性被放大，研究缺乏普遍价值和意义。纵观当代水利史的研究，结合上述论述，笔者认为未来水利史研究至少应在以下两个方面进行路径的转换与拓展。

其一，水利史研究应在重视文字资料的同时补充征集口述资料，加强对水利建设前辈的口述资料采集，可以借鉴电影史的口述史料收集方式来展开对水利史口述资料的整理汇编，且鉴于很多水利前辈皆已年逾古稀，应加快这项工作的开展步伐，以避免珍贵的口述史料遗落在历史的长河中。此外，还应重视文字资料与口述资料的互补互证，以有效拓展水利史研究的深度和广度。

其二，水利史研究应重视水利史的交叉研究，使之与社会学、地理学等学科密切结合起来，通过运用其他学科的研究理论与方法来提高水利史研究的效度。此外，还应加强具有多学科背景的研究队伍的建设，夯实研究基础，从而有效推进当代中国水利史研究的发展进程。总之，随着我国水利事业的不断推进，水利史研究也在快速向前发展，其研究的视角与主题都在不断拓展，由单一以水利工程技术为主的研究，转变为涵盖江河治理、水利工程、水利人物等各类主题的多样化、多面向的水利研究，取得了突出的进展，收获了诸多优秀的新成果。当代水利史的研究对于助推水利事业的发展有重要的意义与价值，由此应积极转换学术路径，以实现其研究方向和领域的深度拓展。

二、水利工程建设质量监督的研究综述

（一）当前水利工程建设质量监督工作存在问题的研究

李会义（2019）总结工程质量监督机构成立 30 多年来，虽然积累了比较丰富的经验，确立了监督管理制度，形成了工程质量治理体系，但是该体系并不完善，管理方法比较落后，不适应新时代发展的需求，不利于工程质量提升。金秀实（2020）梳理法规发现法规制度不健全。纵观当前相关的法律法规所涉及的内容非常有限，覆盖范围狭窄，有关工程质量的仅有设备和管道、房屋建设工程等方面的规定，其他方面的规定寥寥无几，特别是水利工程质量管控，几乎没有此方面的规定，现有的法规针对性不强、实践中缺乏可操作性。有关水利工程质量监管的法规和政策颁布于 1997 年，内容非常落后，无法适应当前社会发展需求。

陈永存（2020）深入分析了当前工程建设质量监管方面的相关问题，分析的结果表明，在实际施工过程中，监管存在着各种各样的问题，比如监管方式机械、手段和方法落后等。对于工程建设来说，监管人员只有在施工现场才能进行有效监管，但是因为监管人员数量有限，缺乏动力，不愿意到施工现场进行监管。大多数都是通过简单的仪器设备检测、肉眼检测等方法，粗略地判断施工质量。有时能看出表面的问题，但隐蔽的问题很难看出。监管人员需要出具监管报告，监管报告上应该有客观公正的数据，但是大部分结论都是监管人员凭经验作出的，导致监管报告质量堪忧、客观性不强。赵淑杰（2020）认为质量监督目前职责不明确。随着行政体制改革不断推进，质量监督机构行政职能逐渐被弱化，但是当前针对工程质量监管，没有明确的监管主体，只能由此类机构承担行政监管工作，缺乏明确细则，监督服务的内容不详细，影响了此方面工作的有效开展。陈成植（2020）认为，影响工程建设质量监管的关键因素之一就是监管人员，如果监管人员数量不足、专业能力比较差、缺乏专门技能，那么无法达到监管要求。在调查中发现，现有很多监管人员技术能力薄弱，无法胜任岗位工作。李昕（2020）分析了当前质量监管过程中所存在的问题，分析的结果表明，问题都集中体现在法规不健全、组织结构不统一、监管流于形式等。李毅刚、于健、黄盛花（2020）在研究中指出，质量监管应该贯穿于工程项目建设的每一个环节，从项目立项开始，质量监管机构就应该介入，从招投标一直到项目交付使用，每一个环节都应该作为监管对象，对于关键环节要进行重点监督管理，才能保障工程质量。在调查中发现，当前工程建设质量监督过程中存在很多问题，比如，建设单位自觉意识不足、监督措施和制度不完善、现场监督力度不足等，影响了工程建设质量的提高。乔慢慢（2021）认为水利工程存在质量监督管理重视程度不够、质量监督管理经费不足的问题。

（二）国内科学管理水利工程的途径和方法

在科学管理水利建设的途径和方法上，国内学者和行业管理者提出了各种管理建议，

其特点是区域废物排放和水利建设的情况，有的是理论上的科学建议，有的是实际的管理经验，为如何科学管理水利工程提供了很好的参考。

孙志旭（2012）研究了洪水评估标准，结合具体水利活动的现状进行了广泛研究，提出了区域防洪管理的新方法。他认为，新方法可以充分证明建设的有效性，能够促进水厂管理的规范化、制度化、科学化和现代化，提高水利管理水平。

程绪水（2014）在淮河流域水利和水质调查的基础上，分析了调水扰动对水质改善的影响，论证了水利建设的作用，提出了改善水质的建议。一是防止河道泄流，提高水体自净能力。二是合理规划，充分利用洪水信息，正确共享。三是实行洪涝灾害风险的分配，充分利用灾害，回收灾害。水利工程的科学管理可以改变废水流量，对保障重要水源安全，促进水的生态环境建设具有十分重要的意义。

陈文龙（2017）等利用数学模型的计算和分析，在实施团队水扰动联合计划的过程中，在河道排水和水利工程的科学管理中发挥了积极作用。

还有些学者从一些特殊的角度进行研究，并从哲学角度分析了水利建设的基础、现实和管理方法。

例如，段世霞（2012）明确了水利建设的系统思想、发展思想、实施思想是思想文化的综合思想，生态思想是思想责任管理阶段的思想，在推测的基础上，结合哲学的实践，通过调整来具体进行水利管理，在冲突中寻求平衡。

对于具体的管理操作，张振华等（2016）提出了一种通过研究城市防洪工程来调整城市水利的有效方法：通过合理的启闭水闸，将优质水引入大包围内；科学合理地启动排灌站排水，使大包围内河道水体流动，改善水质；尽量减少水体流动时脏水对其他河道的影响，缩短脏水滞留在围城中的时间；拓宽供水范围，增加供水的受益区域。通过城市防洪工程，形成相对独立的大城市防洪和水调节系统，通过灵活的调度，达到净化污染，有效改善城市水环境的目的。

（三）水利工程质量建设监督管理工作体系的研究

张叶飞（2019）分析了影响工程质量监管力度的相关问题，影响比较显著的因素就是法律法规。从立法的角度对工程质量监管进行全面规范，能够从根源上保障工程质量，提高工程建设过程中的质量监督力度。同时也能够明确参与建设方、监管方的各自权责，调动各主体的积极性与主动性，更好地开展工程建设。张阳、赖剑、何敏鑫（2020）等认为应当健全质量管理体系，完善质量管理制度，丰富质量控制手段。林美季（2020）深入分析了小型水利工程建设质量监管方面的相关问题，分析的结果表明，质量监管部门要结合项目质量管理需求明确监督管理目标、制定切实可行的监督管理方案，并把方案落实到工程项目建设的每一个环节，从而保障工程项目的质量。白建峰、王相谦以及孙丽娟（2021）指出由于水利工程建设项目具有自身的特殊性，特别是大型水利工程建设周期长、参建单位多、工程类别涵盖面广、技术问题处理复杂、统筹协调难度大等。荣瑞兴（2021）发现通过采用动态化的监督管理方式，不但能提高整个建设工程质量监督管理的实效性，还能及时发现施工建造过程中所存在的问题，确保各个施工单位能够严格按照相关设计要求开展施工。杨富华（2021）认为国家应加强相关法律法规的制定和规范，提高施工作业人员的技术教育，提高公众保护建设工程的质量安全意识。曲洪锋（2021）认为应当成立检测机构，加大该项工作的管理力度。根据行业标准对业主建设程序的标准度进行检查，对于从业人员的上岗证、参与单位的相关资质进行监管。

陈武云（2021）强调作为政府部门，更需要充分发挥积极带头作用，做好本职工作，实现工程质量监督管理工作的严把关、高要求。张有平（2021）深入分析了影响工程质量的相关因素，其中影响比较显著的因素就是施工主体、设计部门和建设单位、监理工程师等，各方要明确自身在工程质量管理中应该承担的责任，做好本职工作，和其他岗位监管者进行鼎力配合。陈涛、吴德波（2021）提出把质量监督工作中更多的专业工作委托给具备条件的社会力量承担，让专业的人干专业的事，以弥补现有体制下人员和技术力量的不足。黄亮清、吴家慧（2021）修订上位法，明确监督机构的属性，监督程序、监督内容和方式等，厘清工作界面，并完善与之配套的实施细则。张鹏飞（2021）提出可以根据实际情况，出台一批适合基层水利质量监督的相关法规办法，把水利工程质量监督优秀的做法案例，梳理成典型模板，在全国或者一定的区域范围内推广实行，提高基层水利工程质量监督的专业性和规范性。杨启福（2021）提出质量监督人员要善于发现问题、分析原因，必须具有较丰富的工作经历和知识结构、较高的业务水平，才能洞察质量问题，发现症结所在，提出处理问题的依据和方法。谢松胜（2021）指出只有充分履行建筑工程项目质量监督管理职能，不断提高现有管理水平和管理质量，才能有效避免一系列问题。

章旭波（2021）认为应当强化项目"质量至上"的理念，从而有效保障项目质量控制目标顺利实现，要提高制度的针对性和有效性，以尽可能地保障项目工程质量。莫谎（2021）提出工程质量监督管理是重要且复杂的工作，需要社会各方参与才能卓有成效。刘琴（2021）认为应当厘清工作职能，理顺水行政主管部门行政监督和水利工程质量监督机构具体工作的关系。张晓翠（2021）分设影响工程建设质量的相关因素，并明确指出，监督管理机构和人员要有服务意识，不仅监督工程建设质量，还要从专业化的角度为施工方提出建议。

第二章

水利水电工程的理论基础

第一节　水利水电工程的定义

一、水利水电工程的概念与特点

水利水电工程是指为了控制、调节和利用自然界的地表水和地下水，以达到除害兴利目的而兴建的各类工程。

水利水电工程具有与其他建设项目不同的特点：

工程建设周期长。例如黄河小浪底工程施工期为 8 年，长江三峡工程施工期长达 17 年。在这么长的工程建设期间，遇到特大暴雨或大暴雨的机会很多，如果不采取措施，就会造成新的严重的水土流失。

施工占地范围大。施工占地一般数平方千米到数十平方千米不等，如黄河小浪底工程施工占地总面积为 237km²。为了给工程施工创造良好的条件，工程施工所征用的土地须进行彻底的清除和平整，这就会使地面覆盖物减少，裸露地面增加，大大降低了土地的抗侵蚀能力。

剥离表土多。大、中型工程大坝填筑所需的土、石料多，相应需要开采的取料场面积也大，剥离出的表土多。为使工程尽量少占用土地，保证工程完工后表土回填恢复耕作，须将表土暂时堆存待用。堆存的表土大部分为疏松的细粉粒，遇到雨水极易造成流失。

堆（弃）渣量大。为了保证施工速度和工程的按期完工，在大坝回填之前，需开挖和筛分出大量的土、石料，并就近分别堆存在不同的堆（弃）渣场。例如小浪底工程共有堆（弃）渣场 10 个，总堆（弃）渣量约 5000 万 m³。大量松散的堆渣或弃渣，如不采取措施，也会产生严重的水土流失。

水利工程在环境影响方面具有以下突出特点：

（1）水利水电工程为平面性构筑物，影响范围大。工程面积达数平方千米，影响范围从数平方千米到数十平方千米，往往需要占用大量的土地、森林、水生生物等资源，同时可能淹没文物、古迹、风景区、城镇等环境敏感区域，因此会对生态环境、水环境、声环境、环境空气及社会经济等产生多方面的、较为严重的影响，其中对生态环境影响尤为严重。

（2）与工业建设项目相比，水利水电工程建设项目的规划、选址、设计处理得当与否，对环境的影响很大，如规划、设计阶段的现场勘探或调查工作程度不够，就可能使水利水电工程建设项目破坏或淹没更多的文物、古迹、风景区、自然保护区等重要的敏感区域，导致环境影响加剧。

由于工业等建设项目环境保护起步相对较早，目前已基本形成了一套较为完善的环境保护管理体系，并积累了大量较为成熟的污染治理技术。水利水电工程建设项目的环境保护起步则较晚，因此尚须进一步加强与完善相应的环境保护管理体系，同时应积极研究与开发较为成熟的污染治理技术。目前，整个社会对生态环境问题越来越重视，对生态环境质量要求越来越高，生态环境问题已成为水利水电工程建设中的重要制约因素。

二、相关概念解释

（一）可供水量

可供水量分为单项工程可供水量与区域可供水量。一般来说，区域内相互联系的工程之间，具有一定的补偿和调节作用，区域可供水量不是区域内各单项工程可供水量单相加之和。区域可供水量是由新增工程与原有工程所组成的供水系统，根据规划水平年的需水要求，经过调节计算后得出。

（二）蓄水工程

蓄水工程是指水库和塘坝（不包括专为引水、提水工程修建的调节水库），按大、中、小型水库和塘坝分别统计。

（三）引水工程

引水工程是指从河道、湖泊等地表水体自流引水的工程（不包括从蓄水、提水工程中引水的工程），按大、中、小型规模分别进行统计。

（四）提水工程

提水工程是指利用扬水泵站从河道、湖泊等地表水体提水的工程（不包括从蓄水、引水工程中提水的工程），按大、中、小型规模分别进行统计。

（五）调水工程

调水工程是指水资源一级区或独立流域之间的跨流域调水工程，蓄、引、提工程中均不包括调水工程的配套工程。

（六）地下水源工程

地下水源工程是指利用地下水的水井工程，按浅层地下水和深层承压水分别统计。

（七）地下水利用

研究地下水资源的开发和利用，使之更好地为国民经济各部门（如城市给水、工矿企业用水、农业用水等）服务。农业上的地下水利用，就是合理开发与有效地利用地下水进行灌溉或排灌结合改良土壤以及农牧业给水。必须根据地区的水文地质条件、水文气象条件和用水条件进行全面规划。在对地下水资源进行评价和摸清可开采量的基础上，制订开发计划与工程措施。

在地下水利用规划中要遵循以下原则：

（1）充分利用地面水，合理开发地下水，做到地下水和地面水统筹安排。

（2）应根据各含水层的补水能力，确定各层水井数目和开采量，做到分层取水，浅、中、深相结合，合理布局。

（3）必须与旱涝碱咸的治理相结合，统一规划，做到既保障灌溉，又降低地下水位、防碱防渍；既开采了地下水，又腾空了地下库容；使汛期能存蓄降雨和地面径流，并为治涝治碱创造条件。在利用地下水的过程中，还须加强管理，避免盲目开采而引起不良后果。

（八）浅层地下水

浅层地下水是指与当地降水、地表水体有直接补排关系的潜水和与潜水有紧密水力联系的弱承压水。

（九）集雨工程

集雨工程是指用人工收集储存屋顶。水利工程的基本组成是各种水工建筑物，包括挡水建筑物、泄水建筑物、进水建筑物和输水建筑物等。此外，还有专门为某一目的服务的水工建筑物，如专为河道整治、通航、过鱼、过木、水力发电、污水处理等服务的具有特殊功能的水工建筑物，水工建筑物以多种形式组合成不同类型的水利工程。

第二节　水利水电工程的分类

水利水电工程建设具有多种功能。其主要功能包括水利供水、水利渔业和水利发电三类。

一、水利供水工程

水是人类及其他一切生物赖以生存的重要物质之一。水是一种宝贵资源，它在人们的日常及国民经济建设中具有极其重要的作用。

供水工程的目的和任务，就是以既经济合理又安全可靠的手段，供给人们生活、生产以及消防用水，同时应满足其对水量、水质和水压的要求。

（一）用水对象及用水要求

城市用水大致分为生活用水、公共建筑生活用水、工业企业职工生活用水等。

1. 生活用水

生活用水包括居民生活用水、公共建筑生活用水、工业企业职工生活用水。

（1）生活用水定额。生活用水定额，在居民区是指每个居民每天的生活用水量，按 L/（人·d）计；在工业企业是指每个职工每班生活用水量和淋浴用水量，按 L/（班·d）计。

居民的生活用水定额与室内给排水卫生设备完善程度、居民生活习惯以及地区气候条件等诸多因素有关。

工业企业职工生活用水定额，根据冷车间或热车间而定。一般冷车间采用 25L/（班·人），热车间采用 35L/（班·人）。工业企业建筑淋浴用水定额 40~60L/（班·人）。

（2）生活饮用水水质标准。人们对生活饮用水的水质要求是：无色、无嗅、无味、不混浊、无细菌、无病原体，化学物质的含量不影响使用，有毒物质的浓度在不影响人体健康的范围内。

（3）生活用水水压要求。城市给水管网应具有一定的水压，即最小服务水头。其值的大小是根据供水区内建筑物层数确定的：一层为 10m；二层为 12m；从三层起每增加一层其水头增加 4m。

2. 生产用水

（1）生产用水量标准。工业企业生产用水量标准应根据具体的生产产品及生产工艺过程的要求确定。

（2）工业企业生产用水水质及水压水质要求与生产工艺过程和产品的种类有密切关系。各类工业生产用水水质差异较大。水压要求视生产工艺要求而定。

（3）洒和冲洗用水。对城镇道路进行保养、清洗、降温和消尘等所需的水称浇洒道路用水，对市政绿地等所需的水称绿化用水，以上用水统称为市政用水。

汽车冲洗用水量定额，应根据道路路面等级和玷污程度，按下列定额确定：轿车 250~400L/（辆·d）；公共汽车、载重汽车 400~600L/（辆·d）。

（4）消防用水。消防用水即扑灭火灾所需的水。城镇、居民区室外消防用水量，应按同一时间内的火灾次数和一次灭火用水量确定。

我国城镇消防系统一般采用低压消防给水系统，消防管网的水压不得小于 10m。

（二）供水系统的组成和布置形式

1. 城市供水系统组成

城市供水系统可分为三大部分：

（1）取水工程包括取水构筑物和取水泵房，其任务是取得足够水量和优质的原水。

（2）净水工程包括各种水处理构筑物，其任务是对原水进行处理，满足用户对水质的要求。

（3）输配水工程包括输水管道、配水管网、加压泵站以及水塔、水池等调节构筑物，其任务是向用户供给足够的水量，并满足用户对水压的要求。

2. 给水系统的布置形式

城市给水系统的布置，应根据城市总体规划布局、水源特点、当地自然条件及用户对水质的不同要求等因素确定。常见的城市给水系统布置形式有以下几种。

（1）统一给水系统。生活、工业、消防和市政用水均按生活饮用水水质标准，用统一的给水管网供给用户的给水系统。调度管理灵活，动力消耗较少，管网压力均匀，供水安全较好。

（2）分区给水系统。根据城市和工业区特点将给水系统分成几个系统，每个系统既可以独立运行，又能保持系统间的相互联系，以便保证供水的安全性和调度的灵活性。根据不同情况布置给水系统，可节约动力费用和管网投资，但设施分散、管理不方便。

（3）分质给水系统。原水经过不同的净化过程，通过不同管道系统将不同质量的水供给用户。水处理构筑物容积较少，投资省，且可节约药剂费用和劳力费用，但管线长、管理麻烦。

（4）分压给水系统。因用户对水压要求不同而采用扬程不同的水泵分别提供不同压力的水至高压管网和低压管网。减少高压管道和设备用量，减少动力费用，但管线长、设备多、管理麻烦。

以上四种给水系统既可以采用单水源供水，也可以采用多水源供水，应视具体情况而定。除了上述给水系统外，当几个城市相距较近时，为保证各个城市供水水质安全，而在其共有水源上游统一取水供给各个城市使用，这种给水系统称为区域给水系统。在工业企业生产过程中，为节约用水减少污染，还可以采用重复使用给水系统和循环给水系统。

二、水利渔业工程

水利渔业是指利用水利工程形成的水域，以及工程管护范围内其他水土资源进行的水产养殖和捕捞业。水利渔业是水利工程效益的一部分，在确保工程安全和统筹兼顾防洪、灌溉、水力发电、供水、水土保持、航运等综合效益的前提下组织实施。广义的水利渔业还包括在流域开发治理规划中同步编制渔业规划，以及在水利工程规划中研究工程对渔业资源的影响、对策及其组织实施两大内容。

（一）水利渔业进展回顾

1. 水利渔业的基本内涵

水利渔业是利用因水利工程建设而形成的水域及水利工程管护范围内的其他水土资源来发展渔业生产的一项基础产业，它是随着水利工程的兴建而诞生并逐渐发展起来的一项潜力巨大的新兴产业。随着水利事业的发展，水利工程管理和水资源管理的内容和范围已经涵盖了江河、湖泊、水库、灌区、塘堰、渠道、地下水、海堤围垦、城镇供水等方面，因而，水利渔业的内涵也在进一步扩展。从广义上讲，水利渔业的内容包括水库养鱼、塘堰养鱼、渠道养鱼、滩涂养殖、流水养鱼、箱栏养鱼等。水利渔业同防洪、灌溉、发电、航运、供水、旅游一样，也是水利事业的一个重要组成部分。同时，水利渔业也是淡水渔业的一个重要组成部分。

水利渔业与水利事业发展的关系密切。发展水利渔业，可充分发挥水利工程管护范围内的水土资源优势，提高综合效益。发展水利渔业，由水利管理单位统一进行工程设施规划、工程调度运用及渔业管理，有利于克服"渔水矛盾"，促进水利与水产的协调发展。

发展水利渔业，可以缓解由于兴修水利工程而带来的大量良田和耕地被淹没的矛盾，渔业效益可以部分补偿土地淹没的损失，同时可以为移民广辟就业门路，部分解决由于兴修水利而带来的移民安置问题。我国水资源相对贫乏，水利渔业耗水率低，可一水多用，合理开发水利渔业，可使水资源利用更加优化。

2.水利渔业发展的主要经验

回顾水利渔业发展的经验，主要有以下四点。

一是始终坚持以市场为取向的渔业改革。突出的做法就是放宽政策，允许渔业生产要素按市场规则流动和组合，适应了市场机制的要求，充分调动了渔民的生产积极性，从而为渔业经济发展创造了极为有利的体制环境和激励机制。

二是依靠科技进步。多年来，全国已形成了一支有力的水利渔业科技队伍，各种水产科技成果的应用和渔业技术的推广，提高了水库渔业的科技含量。

三是选择适合国情的以养殖为主的发展模式。为了解决水利渔业大量水面资源闲置荒芜的矛盾，确立了以养殖为主的发展方针，并取得了重大进展。养殖品种向多样化、优质化方向发展。产业结构从捕到养的调整，使水库养殖产量大幅度增长，不合理的资源开发模式有了重大改观，把握住了水库渔业发展的大方向。

四是坚持国家及水利部宏观政策的指导和扶持。宏观政策的指导和扶持主要包括在产业政策、发展方针方面给予指导，在健全和强化渔业法制管理方面给予支持，在发展资金方面给予扶持。

（二）水利渔业可持续发展及其限制因素

1.水利渔业可持续发展的内涵

所谓可持续发展，是指既满足当代人的各种需求，又不至于对后代人的需求构成危害的发展模式。水利渔业可持续发展的内涵是，彻底改变只考虑单纯的渔业经济增长而忽视生态环境保护的传统发展模式，由资源型和粗放型渔业经济向技术型和集约型渔业经济转变，综合考虑水库渔业的经济效益、社会效益、生态效益和环境效益。通过渔业产业结构的调整与合理布局，开发并应用适合渔业持续发展的高新技术，实行清洁生产，健康养殖，减少废物的排放，协调生态环境与渔业发展之间的关系，提高渔业资源的利用效率，协调水库渔业与水资源可持续利用之间的关系，使渔业的发展及水资源的利用不仅能满足当代社会的需求，而且能保证世世代代永续利用，最终使渔业生产实现现代化、市场丰富、资源雄厚、经济繁荣、渔民安居乐业，达到社会、经济、资源和环境的和谐和持续发展的目的。

2.水利渔业可持续发展的主要特点

首先，其核心是持续发展，发展是硬道理；其次，发展的协调与和谐。包括在时间上，不能只顾短期利益而牺牲长远利益；在空间上，不能只顾局部利益而牺牲整体利益；

在利用方式上，不能只发展单一的捕捞或养殖项目而忽视全面发展；在发展类型上，不能仅靠外延型和粗放型，而要以内涵型为主，促使水库渔业向质量型、生态型、科技型、环保型方向健康迈进，从而使渔业生产达到现代化水平，使社会、经济、资源和环境之间达到和谐，并以水利渔业的持续发展支持水资源的持续利用及国民经济的持续发展。

3. 水利渔业出现的新动向

动向一：市场供求关系变化明显，水产品由长期供不应求转变为阶段性供大于求。水产品出现结构性过剩，渔业比较效益下降。水产品已进入完全的买方市场，存在饱和型、类同型、资源型、低值型状态。

动向二：由此而带来的渔业发展方向相应有所改变，将过去为解决吃鱼难而片面追求产量增长的渔业生产，转变为突出质量和效益。同时随着退耕还林、退田还湖、水土保持、森林保护等恢复生态环境的措施的实行，渔业生产也将朝着与水资源环境更加协调的方向发展。

动向三：21世纪中叶，我国将面临人口剧增及粮食安全保障的问题，届时渔业的发展将承受既要增长数量又要提高质量的双重压力，即：一方面进一步增加渔业总产量，以满足我国人口对粮食安全保障的需求；另一方面不断对渔业经济结构和养殖品种结构进行战略性调整，以满足人们膳食结构对优质水产蛋白质的需要。

（三）水利渔业的发展展望

1. 水库坝下流水养殖名优鱼类及设施渔业

水库坝下流水养鱼是水利部门特有的优势。坝下流水、电站尾水、渠道流水等都可一水多用，其水质好、溶氧丰富、水量足，最适合名优鱼类的集约化养殖。利用坝下流水可以开展温水性养殖或冷水性鱼类的养殖，是改变和调整渔业产业结构和鱼类品种结构的最好途径。利用坝下流水开展设施渔业大有可为。设施渔业是在水利管理单位范围内采用先进的养殖设备和技术，在人工控制的生态环境和饲料条件下，进行名优水产品的高密度、集约化养殖，利用方式有工厂化、机械化、信息化、自动化养殖方式。设施渔业可实现苗种提前孵化及反季节生产、多品种小批量生产，从而提高市场竞争力。设施渔业节水节地，具有高科技、高投入、高产出、高效益的特征。我国大部分水库都具有开展坝下流水养殖及设施渔业的条件。实施坝下流水设施渔业有利于水资源环境保护，渔业生产潜力巨大，应是今后水利渔业可持续发展的主攻方向。

2. 水库移植增殖银鱼和河蟹

银鱼是一种适应范围广、繁殖力强、食物链短、增殖潜力大、经济价值高的一年生小型名贵经济鱼类。银鱼移植是一项投入少、见效快、收益大的高效创汇渔业开发项目，水库移植银鱼具有得天独厚的水体条件。银鱼移植种类有大银鱼和太湖新银鱼。大银鱼适合在北方水库移植，太湖新银鱼适合在南方水体移植。凡环境条件适宜、饵料充足及鱼类种间竞争压力小、冰体剩余空间大的水库，移植成功的可能性较大。河蟹味道鲜美、营养丰富、市场行情较好。近年来，在水库养殖河蟹的技术及生态模式方面皆取得了突破性进展。经研究及实践证明，在水库养殖河蟹不会给大坝带来安全问题。安徽、河北、浙江、江苏、湖北等省在适宜放养河蟹的水库养殖河蟹效果较好。全国有许多水库适宜养殖河蟹，可望获得较好的经济效益。

3. 水库大水面养殖模式的调整及休闲渔业

大水面渔业调整的原则是在划分水库功能及注重环境保护的前提下，在适宜开展养殖的水库充分利用水库的饵料资源和空间资源，调整养殖模式放养品种结构，使水库渔业利用模式达到优化，使水库养殖效益、生态效益、环境效益达到最佳。调整品种结构如增加放养匙吻鲟、史氏鲟、鲟类、鲍类、银鱼及其他适合水库放养的经济鱼类。休闲渔业是通过资源的优化配置，将游钓观光与现代渔业有机结合于一体的新型产业。休闲渔业以渔业资源和旅游资源的综合开发、利用和保护为基础，建立起不同层次与类型的具有观光、垂钓、品尝、体验、休闲、度假、旅游、观赏、示范、教育等多功能的休闲渔业景区或基地，从而满足城市里的中高收入者的文化需求和物质需求，并创造较高的社会效益和经济效益。我国水库休闲旅游资源丰富，市场潜力很大，在沿海渔区、库区渔村、水库风景区、城郊水利工程休闲景区发展休闲渔业，将成为 21 世纪渔业发展的一道亮丽的风景线。

4. 生态修复与湿地渔业

生物操纵即通过调控水体中生物之间的食物链关系以控制水体污染负荷并达到调控水质效果的方法。食鱼性鱼类是水体生态系统中的主要顶级消费者，其捕食作用通过下行效应可以影响鱼类及其他生物群落以及整个水体的生态系统结构和功能，有改善水质的作用。

过去食鱼性鱼类一度作为凶猛性鱼类予以控制，导致小型野杂鱼大量繁衍，浮游植物大量滋生，水质富营养化严重。对这类水体应实施生物操纵，从而调整生态平衡，抑制富营养化发展趋势。湿地在抵御洪水、调节径流、控制污染、调节气候、美化环境等方面起到重要作用，被称为"生命的摇篮""地球之肾"。但由于保护不够，湿地原本丰富的野生鸟类、鱼类以及植物资源遭到严重破坏，水产资源大幅下降，生物多样性受到破坏。今后若在充分调查水库湿地资源现状的基础上，采取以人工放流、自然增殖为主的保护措施，恢复鱼类资源，保护水库等湿地生物多样性，将是一项十分有意义的工作，并将带来良好的生态效益、环境效益和经济效益。

三、水力发电工程

此类工程，特定存在于地形高大起伏，山脉连绵不断的地形，这样利用水流的惯性，水往低处流的自然属性，然后通过人工建造出的工程，使得这些流水可以得到存储，从而可以人工控制河流的径流量。再于工程物中安放水轮机，当水流通过水轮机时，水轮机受水流推动而转动，水轮机带动发电机发电，机械能转换为电能，从而进行发电。

（一）水力发电工程简介

水力发电是利用河川、湖泊等位于高处具有势能的水流至低处，将其中所含的势能转换为水轮机的动能。根据机械能守恒定律，在水力发电中，水位差越大，则水轮机所得动能越大，发出的电能越高。水力发电的形式有很多种，其中以惯例程水力发电、抽水蓄能水力发电和潮汐能发电较为常见。

惯例程水力发电就是在河川寻觅适当的一处地方，兴建一座水库，由引水隧道引水冲击水轮机转动，同步带动发电机发电，经变压器升高电压，连接至输电铁塔传送至各地使用。发电完成后的发电用水经由尾水路排至下游河川，继续供下游民生或发电使用。

抽水蓄能水力发电是为了解决电网高峰、低谷之间供需矛盾而产生的一种间接储存电能的方式。其利用下半夜过剩的电力驱动水泵，将水从下库抽到上库储存起来，然后在次日白天或上半夜将水放出发电，并流入下库。虽然整个过程有一定的能量损失，但抽水蓄能电站仍是当今能量储存有效且经济的技术手段之一。

潮汐能发电与抽蓄能水力发电有相似之处。潮汐能是在月球和太阳等引力作用下形成周期性海水涨落而产生的能量，它包括海面周期性的垂直升降和海水周期性的水平流动，垂直升降部分为潮汐的势能，被称为潮差能。目前比较成熟的潮汐能发电形式为水库式，即在海湾或海潮河口处建筑堤坝、闸门和厂房，将海湾或海潮河口与外海隔开围成水库，等到涨潮时向水库充满水，等到落潮后有一定水位差时再开闸，驱动水轮机组发电。

（二）水力发电工程的原理

水力发电的基本原理是利用水位落差，配合水轮发电机产生电力，也就是利用水的位能转为水轮的机械能，再以机械能推动发电机而得到电力。科学家们以此水位落差的天然条件，有效地利用流力工程及机械物理等，精心搭配以达到最高的发电量，供人们使用廉价又无污染的电力。

低位水通过吸收阳光进行水循环分布在地球各处，从而恢复高位水源。

（三）水力发电工程的分类

按照集中落差的方式，水力发电工程分为堤坝式水电厂、引水式水电厂、混合式水电厂、潮汐水电厂和抽水蓄能电厂。

按照径流调节的程度，水力发电工程分为无调节水电厂和有调节水电厂。

按照水电站利用水头的大小，水力发电工程可分为高水头（70m以上）、中水头（15～70m）和低水头（低于15m）水电站。

按照水电站装机容量的大小，水力发电工程可分为大型、中型和小型水电站。一般将装机容量在5000kW以下的称为小型水电站，5000～100 000kW的称为中型水电站，100 000kW或以上的称为大型水电站或巨型水电站。

第三节　水利水电工程的用途

兴修水利可以满足经济社会发展对水资源的需要，可以改善生存环境，促进人类发展。只有修建水利工程，才能控制水流，防止洪涝灾害，并对水量进行调节和分配，以满足人民生活和生产对水资源的需要；蓄水工程则可以改善水资源时程分布不均，旱季解决灌溉、生活等方面供水不足的问题；此外，水电站能解决能源问题，水力发电相对于其他能源形式，成本较低而且技术成熟。

一、水利工程对农田灌溉的影响

近年来，农业生产技术发展迅速。水利水电工程作为农业发展的重要组成部分，对于农业经济发展产生至关重要的影响。农田灌溉既能够为农作物生产提供宝贵的水源，也能够整体优化农作物的生长质量。水利水电工程建设在很大程度上既能够优化农田灌溉，也能够节约与保护农田灌溉用水。

（一）水利水电工程建设对农业发展的积极作用

水利水电工程建设能够推动农业发展，不断优化农业发展的环境，为农作物生长提供稳定可靠的水源。在农业发展过程中，农田灌溉是基本需求，尤其是在相对干旱的区域，为保障农作物的生产质量，为帮助农民朋友脱贫致富，必须依托农田灌溉。但一直以来，在农村地区，由于没有科学的水利水电工程，农田灌溉仍然停留在传统的模式上。比如，人们采用打水井修水渠漫灌的方式，这种灌溉方式，虽然能够提升灌溉效率，但是容易造成较为严重的水资源浪费。因此，积极建设农田水利水电工程具有非常重要的现实意义。一方面，水利水电工程的建设能够充分满足农田灌溉的需求，实现水资源的有效储存以及充分利用，整体保障农作物的生长质量与成效；另一方面，水利水电工程的建设还能够在很大程度上促进节水农业的发展。传统的漫灌方式以及人们滞后的灌溉理念，在很大程度上造成了农业生产用水资源的匮乏。积极兴建农田水利水电工程，全面渗透和贯彻节水农业，能够整体优化农业生产的环境，在确保农田灌溉用水的同时，还能够优化灌溉水质，更好地促进农业、农村的发展。

（二）水利水电工程建设对农田灌溉的积极影响

在农业生产过程中，农田灌溉是基础。水利水电工程建设能够在很大程度上优化农田灌溉，充分满足农田灌溉的需求，还能够有效改良灌溉水质，全面推进节水农业的发展。

1. 水利水电工程建设要满足农田灌溉的基本需求

在农作物生长过程中，灌溉是非常重要的环节，及时充分的灌溉既能够满足农作物的生长需求，又能够有效提升农作物的生长效率。积极兴建水利水电工程，既能够充分满足农田灌溉的基本需求，又能够有效规避自然灾害、恶劣天气对农田的不利影响。一方面，在水利水电工程建设过程中，应该结合区域性降水量和区域内农业生产的最大用水量进行科学的规划建设，整体保障水利水电工程的建设成效，全面满足水利水电工程的基本灌溉需求。另一方面，在水利水电工程建设过程中，应该充分考量区域内的自然灾害，实现科学有效的蓄水、储水。在水利水电工程兴建前，农业生产依托传统的灌溉方式，若因为降水量减少，出现水位下降、水源枯竭等问题，那么农田灌溉将变成奢望，自然年的收成也会大打折扣。因此，积极发挥水利水电工程的灌溉作用，能够实现有效节水、储水以及蓄水等，以便充分应对自然灾害和恶劣干旱天气。

此外，在水利水电工程建设过程中，一些功能多样的水利水电工程不仅仅是为农田灌溉服务，更多的是朝着经济创收的方向而建设的。为了保障农田灌溉用水的需求，同时协调水利水电工程与农田灌溉的关系，应该依托完善的制度机制来促使水利水电工程积极为农田灌溉服务。

2. 水利水电工程建设要着重改良和优化水质

在农业发展过程中，水源污染在很大程度上制约农作物的生长质量，同时也影响农作物的食用安全，给人们的生命财产造成了较大的威胁。水资源污染会导致农产品的质量和产量下降，同时各种有害物质还会随着农产品进入人体内部。因此，水利水电工程的建设应该着眼于水质的改良与优化，为农业灌溉提供可靠安全的水源。一方面，水利水电工程建设，除保障基本的农田灌溉外，还应该着重提升水利水电工程的防洪抗洪能力。洪水的侵袭不仅会造成农作物的倒伏，影响农作物的生长质量，同时也会裹挟一些有害的污染物，继而严重威胁农业用水的安全与健康。因此，在水利水电工程建设过程中，应该考虑区域内的洪涝灾害，切实提升水利水电工程的防洪抗洪能力，有效实现洪水的截留，避免洪水肆虐。另一方面，在水利水电工程建设过程中，还应该充分改良和优化水质。农作物生长对于水质的要求比较高，若灌溉水源水质混浊或者存在污染，势必影响农作物的生长质量以及食用安全。因此，在水利水电工程建设过程中，应该立足于水质的改良，为农田灌溉提供稳定可靠的安全用水。

3. 水利水电工程建设要提高水资源利用率

在农业生产中，传统落后的灌溉方式，容易造成水资源的严重浪费，影响农业的健康可持续发展。因此，在水利水电工程兴建过程中，应该着重优化节水效益，积极发挥节水作用，推动节水型农业的发展。一方面，应该同步推行节水型的灌溉设备，依托节水设备来实现科学的引流灌溉。在实践过程中，可以采用滴灌、喷灌等灌溉方式，切实提高水资源的利用率。另一方面，还应该构建完善系统的灌溉用水机制，实现水资源的合理分配以及统筹调配。不同地区、不同种植区域的农作物对于水分的需求存在显著差异。在水利水电工程建设过程中，若不顾实际情况盲目进行水资源的调配利用，往往会在很大程度上造成水资源的浪费。因此，积极推进节水型农业发展，应该构建完善合理的用水机制，科学合理进行水资源的充分调配以及综合利用。

4.水利水电工程建设要避免水土流失问题

在农田灌溉过程中，传统落后的灌溉方式，不仅灌溉效率比较低，水资源浪费较为严重，同时还容易造成水土流失，严重影响农业用地的土壤肥沃程度，也容易导致养分流失。因此，在水利水电工程建设过程中，应该发挥科学有效的水土保持作用，全面规避水土流失问题的发生。一方面，水利水电工程应该综合性发挥蓄水能力，当洪峰较大时，水利水电工程的拦截能力能够避免下游农田发生内涝问题，继而有效保护农田的土层结构以及养分条件。当然，在水利水电工程建设过程中，应该科学选择建设地域，在整体提升它们的抗洪蓄水等能力的同时，减少水流缓慢等问题对上游生态环境的影响。同时，在水利水电工程建设过程中，还应该做好科学地进行堤坝修筑以及防护，避免出现截留洪水倒灌问题。另一方面，在水利水电工程建设过程中，还应该通过兴建水库、储水池等方式来实现水资源的截留以及充分利用，为农田灌溉提供合理的水资源。在水利水电工程建设过程中，应该结合区域内的水条件等来选择不同规格的水库，整体优化水库的储水蓄水能力。基于科学的水库建设，能够实现有效的水流调控。当流域内水流相对比较少时，可以开放水库。当流域内的水量较大时，则可以充分发挥水库的储水作用。

二、水利水电工程防止洪涝灾害的作用

防汛工作是一项关系着群众生命与财产安全的大事，做好防汛工作是当前与今后一个时期工作的重中之重。要做好防汛工作必须依靠水利工程，发挥水利工程的抵御、分流、分离等功能。需要在防汛工作中制定稳妥的度汛方案、重视防汛预警等最大限度地发挥水利工程对农业生产和人民群众生命财产安全的保护作用。

（一）防汛工作中水利工程发挥的功能

1.堤坝的抵御功能

水利工程的建设要基于实际面临情况，我国作为水资源大国，具有较为丰富的河流资源，主要集中在长江中下游地区以及华中、华南等地区。每年雨季时节，河流会因强降雨导致水位急剧上涨引发汛情，为了开展防汛工作，各地区在修建水利工程时通常会在河道两岸修建防汛堤坝，在提升河道排水能力的同时对洪水进行约束和预防。当发生洪水灾害时，堤坝可以对周边农作物和人民群众财产进行保护。鉴于此，堤坝是组成防洪体系的重要环节，直接约束并保证相应标准内洪水顺利经河道下泄，避免洪水漫溢出河道，给河道两岸保护对象造成灾害，因此，堤坝的抵御功能在防汛工作中至关重要。例如，黄河中下游地区河流含沙量较大，汛情发生时容易出现"地上河"现象，威胁水资源供应的同时，更威胁本地区人民群众的财产安全，因此，综合分析地区、环境、水质存在的问题，做好

堤坝建设，以避免在汛期发生决堤、河水漫道事故。

2. 水库的分流功能

水利工程中的水库除了发挥发电和调节气候的作用，还在防汛工作中具有分流功能。我国夏季降雨分布集中，为了确保山地地区的人们能够正常生活，这时就需要使用水库处理雨水，发挥其防汛的作用。大型水库建设对我国水利工程建设发展具有关键作用，其中较为突出的为长江三峡、黄河小浪底，二者在地区汛期河流防汛过程中，具有重要的支撑作用以及分流功能。水库通常是利用山谷等特殊地形修建的，通过建造拦河坝，对河道的径流进行阻截，并提升上游水位，在坝上形成一个蓄水体。在一些非山谷的平原区，一般是利用洼地或湖泊等修建水库，通过围堤和控制闸等对水库进行控制。在洪水的洪峰到来时，水库可以通过削峰、错峰、分流等形式对洪水进行缓冲处理，以减少洪涝对周边造成的损害。在水库防汛中，当削峰和错峰到来时，要对上下游的基础设施进行综合衡量，并保证汛期的通信通畅，以顺利完成泄洪工作。当洪涝灾害发生时，水利部门可通过人工泄洪的方式，将水库中现有水资源积蓄进行排放，减少上游水利工程压力，即通过错峰的方式减少上游洪峰的防汛压力，一方面可以规避洪水下泄对下游区域造成的严重破坏，另一方面可避免溢出的洪水对房屋以及公共设施造成损害，保障了人们以及社会财产的安全。但从一定角度来说水库具有特殊属性，水库地区有降雨后，水库水位会较为迅猛地上涨，而水库汇水面积也使水位上涨很快。此外，由于上游河水汇水面与汇水量较大，融入水库过程中会导致水库水位在上游来水增大的作用下缓慢增长，虽然水流时间较为缓慢，但从客观分析可以得出，第二次洪峰较为缓和，且峰值相对较高，因此第二次洪峰是我国水库防洪的重点控制对象。但在实际防汛过程中，水库会因地区降水不均衡导致水库在汇水面以及汇水量两方面存在一定的数据差异，导致上游来水量出现不规律峰值。在这种情况下，水利人员可采取分化、量化的处理方式，以时段对其进行合理规划，将泄洪与洪水峰值错开，规避大量洪峰过境对下游造成的防汛压力，合理利用水库的分流功能。

3. 蓄滞洪区的分离功能

在水利工程防汛组成中，蓄滞洪区是非常重要的一部分。如果发生洪涝灾害，上游的水量非常急，严重的会超出水库或堤坝的承受范围，甚至会导致堤坝溃堤。此时可以利用蓄滞洪区分担河道上游的洪水压力，以降低河道的水位，减轻洪水对堤坝及下游的危害。我国的水利工程在修建蓄滞洪区时，主要利用堤坝两旁低洼地或河流滩涂地，并将河道与沿岸分离。根据上游洪水情况，已建蓄滞洪区的形式也不同。它们主要用于洪水不能快速流入水库，洪峰难以在短时间内消除的情况，这可以更好地削弱洪峰对下游和大坝的影响。

（二）防汛工作中水利工程的抢险措施

1.制订稳妥的度汛计划

水利工程应用于各行各业各种场景，针对不同行业与情况制定与其特点相适宜的度汛方案以便水利工程发挥最大的功能。建立健全各级行政首长负责制，制订度汛方案，防汛抢险实行统一指挥、分级负责，按照各景区防汛领导小组办公室的统一部署，对照各自的职责任务，积极主动地抓好工作落实，高标准完成防汛部门临时赋予的各项任务。对排水设施、建设工地、道路桥梁、供水设施等防汛重点进行全面检查，对存在的问题马上整改，并做好河道的清障除淤工作。在汛前要做好调查工作，弄清易发山洪、泥石流的山体状况，做好测报、预防，安排好报警和通信联络，做好转移逃险预案，避免和减轻灾害损失。

2.重视防汛预警

防汛预警工作较为关键，不仅可为地区防汛工作起到预知作用，更是在洪涝灾害到来之际通过对防汛预警的分析部署相应工作，有关部门应全面加强防汛预警工作，最大限度规避自然灾害对群众造成的多方损失，且在防汛过程中，水利部门应与气象部门加强配合，建立良好、实时、开放的沟通平台或沟通方式，通过气象部门实时数据获取、传递，把握地区气象情况以及降水情况、降雨量。水利工程建设中应提前安装水位计、水位检测仪、水位传感器等设备，便于降水出现时，采集实时降水量、水位情况，若超出规定水位或接近标准水位，可以迅速预警，便于后续制订方向计划以及抢险。

3.水利工程设施安全大检查

从某种意义上来说，夏季是汛期高发期，这期间都可能发生洪涝灾害。首先汛期到来前加强对堤身、穿堤建筑物、堤岸防护工程等部位的维修养护，采用现代科技手段对水利工程隐患进行探测，准备充足防汛物资，认真制定堤坝度汛预案和超标准洪水预案，力争在根本上消除防洪安全隐患，确保水利工程以最佳状态迎汛。发现问题要及时、有效、迅速地解决，更好地保障人民群众的生命财产安全。密切关注雨情水情动态，组织专业力量加大堤坝沿线巡查频次，当水位快速上涨时，要密切关注堤坝迎、背水侧土层状态，一旦发现渗水、管涌等险情要第一时间组织力量采取必要防护措施进行处理。当水位持续上涨时，要启动超标准洪水应急预案，迅速转移疏散附近群众，由当地防汛指挥机构组织力量加强流域内水利工程调度，对水利工程进行加高加固，调节洪水流量，确保洪水安全下泄。在汛后，要做好总结，对因汛产生的水利工程险段进行修复。

4.应急撤离计划与响应

对于水利工程，在汛期很有可能造成该地与下游某地发生洪水灾害，应该按照经验预先制订撤离计划，通过气象局与水文局相关资料，针对下游地区群众提前做好转移工作，根据实际情况进行合理的紧急疏散。一方面事关后续抢险工作有序进行，另一方面保障群众切身安全。汛情发生时，都应做好应急准备工作，可通过疏散预警防范的不断演练，提高群众对灾害的重视，将财产损失降到最低，促进抢险路径不断完善。

三、水力发电工程建筑物及其作用

水利工程是指为消除水害和开发利用水资源而修建的工程，按其服务对象可分为水力发电工程、民生水利工程及其他工程。水利工程与其他基础建设工程相比，具有影响面广、工程规模大、投资多、技术复杂、工期较长等特点。在一些天然河流上，通过修建水工建筑物与控制设备，集中水流的水头，通过一定流量将"载能水"输送到水轮机中，使水能转换为旋转机械能，带动发电机进行发电，再通过输电线路送往用户。这种利用水能资源的发电方式即为水力发电。

（一）水力发电工程的分类

按照水电站利用水源的性质，水力发电工程可分为三种类型：

（1）常规水电站：利用天然河流、湖泊等水源来发电。

（2）潮汐电站：利用海潮的涨落所形成的潮汐能来发电。

（3）抽水蓄能电站：利用电网中负荷比较低时多余的电力，将处于低处的下水库水抽送到高处的上水库存蓄起来，待电网负荷高峰时再放水来发电，从而满足电网高峰时电力负荷大的需要；在水电站工程建设中，还经常采用按水力发电站利用水头的大小、按水力发电站的开发方式和按水力发电站装机容量的大小等来分类。

（二）水利建筑设计分类

1.总体平面设计

水利工程总平面设计包括主体建筑物和其他配套设施的总平面布局，是整个工程项目的主体设计部分。水利建筑平面图是建筑施工图的基本样图，它反映出水利工程建筑的平面形状、大小和布置；墙、柱的位置、尺寸和材料；门窗的类型和位置等。由于建筑的复杂性，每个建筑一般应有一幅单独的平面图。但一般建筑常常是中间二层平面布置完全相同，这时就可以省掉几幅平面图，只用一幅平面图表示，这种平面图称为标准层平面图。水利建筑的总平面设计要满足建筑物之间的内在联系，能体现它们的布置方式，一般根据具体环境突出建筑和环境。

2.平面设计

首先结合总体平面设计，提出水工专业设备的布置要求，进而确定其平面布置形式，从建筑方面要注意布置图中的交通关系，同时水工设计人员还要发挥主观能动性，要考虑到水利建筑的有效空间的综合利用问题。

3.造型风格设计

建筑的造型风格体现了设计人员的设计思想，能反映建筑的整体风格特征，在现实中很多水利建筑或粗犷豪放，或温文尔雅；有些能够体现很浓重的历史文化特色，通过一些抽象或者象征手法体现当地的文化底蕴。

（三）水力发电工程的建筑物及其作用

1. 水力发电工程建筑物

通常用坝拦蓄水流、抬高水位形成水库，并修建溢洪道、溢流坝、泄洪洞（见水工隧洞）、泄水孔等泄水建筑物宣泄多余的洪水。水电站引水建筑物可采用隧洞、渠道或压力钢管等形式，其首部的建筑物称为进水口。水电站厂房分为主厂房与副厂房。主厂房主要包括安装抽水蓄能机组或水轮发电机组和各种辅助设备的主机室，以及检修、组装设备的装配场。副厂房主要包括水电站的控制、试验、操作与管理人员生活、工作等方面的用房。引水建筑物将水流导入至水轮机，经水轮机和尾水道流至下游。当有压尾水道或有压引水道较长时，为减小水击的压力，常需要修建调压室来调节水压。而在发电压力水管进口的连接处与无压引水道的末端常修建前池。为了将水力发电厂生产的电能输入电网供用户使用，还需要修建升压开关站。此外，还需要兴建一些辅助性的生产建筑设施及管理、生活用的建筑。

溢洪道：是用于宣泄规划库内容所不能容纳的洪水，以保证坝体安全的开敞式或带有胸墙进水口的溢流泄水建筑物。

溢流坝：按坝型分为溢流拱坝、溢流重力坝、溢流土石坝和溢流支墩坝。溢流坝一般由浆砌石或混凝土筑成。前者仅限于溢流面和坝脚单宽流量比较小、有可靠防护设施的低坝。和厂房结合在一起，作为泄洪建筑物的坝内式。厂房溢流坝、挑越厂房顶泄流的厂坝和厂房顶溢流联合泄洪的方式可用在高山狭隘的地区，是宣泄大流量时，解决溢洪道和电站厂房布置位置不足的一种途径，也是从溢流坝发展起来的一种新形式。

泄洪洞：用于引水或泄水的隧道。按其功用分为：导流、泄洪隧洞；引水、输水隧洞；排沙隧洞；尾水隧洞。

泄水孔：进口有一定淹没深度的坝体泄水建筑物，可供预泄库水、泄洪、排放泥沙、放空水库或施工导流。泄水孔一般设置在混凝土坝和浆砌石坝，如拱坝、重力坝、支墩坝的体内，需有闸门的控制，可随时提闸进行放水。

2. 机电设备

将水的机械能转变为电能的机电设备称为水电站动力设备。抽水蓄能电站的动力设备为由水泵水轮机和水轮发电电动机组成的抽水蓄能机组及其附属的电气、机械设备。其在常规的水电站和潮汐电站等为水轮机和水轮发电机组成的水轮发电机组及附属的调速器、励磁设备、油压装置等。

调速器：用于减小某些机器非周期性速度波动的自动调节装置。它可使机器转速保持定值或接近设定值。汽轮机、水轮机、燃气轮机和内燃机等与电动机不同。其输出的力矩不能自动地适应本身载荷变化，因而，当载荷变动时，由它们驱动的机组就会失去稳定性。例如，当汽轮机发电机组的馈电量突然减少时，汽轮机轴上的阻力矩将急剧下降，如不及时调节汽轮机的进汽量，则机组将加速运转。改变发电的频率，导致机组的损坏。这类机组必须设置调速器，使其能随着载荷等条件变化，随时建立载荷与能源供给量之间的适应关系，以保证机组进行正常的运转。

水轮发电机组：由水轮机和发电机组合而成的发电动力装置。设置在水电站中，具有把水的机械能转换成电能的功能。作为原动机的机组中水轮机，它利用水的能量来运转，驱动发电机来发电。常用的水轮机有反击式、冲击式、可逆式和贯流式等。发电机则均应采用同步发电机。由于水轮发电机组的容量和转速变化范围很大，水电站的自然条件和工况各有差异，可按其尺寸的大小和结构的特征来划分容量与转速。

励磁设备：励磁装置是指同步发电机的励磁系统中除励磁电源以外的对励磁电流能起调节与控制作用的电气调控装置。励磁系统是电站设备中不可缺少的部分。励磁装置的使用，是在电力系统正常工作的情况下，维持同步发电机机端电压于一定的水平上，同时还具有强行增磁、减磁和灭磁的功能。对于采用励磁变压器作为励磁电源的还具有整流功能，励磁装置可以单独提供，也可作为发电设备配套供应。

油压装置：油压装置的功用即为各种设备提供压力能源，目前广泛应用于大型水泵站以及进水阀门、空放阀，机组控制系统与水轮机组调速系统等。其他需用压力能源的地方也均可选用。此类油压装置分为分离式与组合式两种，即回油箱和压力罐分别安装为分离式、组合安装为组合式。

第三章

水利水电工程施工设计概述

第一节 注重专业人才的培养

一、人才培养目标定位

应用型、技术型本科教育是在我国现代化经济建设和高等教育大众化浪潮推动下产生的一种教育模式。它是以培养服务地方经济社会发展实用型人才为主要任务的。应用型人才具有较强的技术思维能力、解决实际技术问题的能力以及擅长技术的应用推广。他们是现代技术的应用者和实践者，是掌握高新技术并能熟练运用的高级专门人才。应用型本科院校要以市场为导向及时把握国民经济动态，预测社会经济发展和经济结构调整对人才需求的动向，及时调整和创造新的专业，为社会培养和输送急需的应用型本科人才。

水利水电工程专业应用型本科人才应坚持以人为本，坚持以质量求发展，其本科人才培养目标为：面向生产、建设、管理和服务一线，培养适应社会主义经济建设和社会发展需要，德、智、体、美和谐发展，基础扎实，创新实践能力强，综合素质高，有良好岗位适应性的应用型高级专门人才。水利水电工程专业主要培养能够系统地掌握水利水电工程建设所必需的数学、力学和建筑结构等方面的基本理论和基本知识，具有水利水电工程勘测、规划、设计、施工、科研和管理等方面的基本能力的应用型高级工程技术人才。

二、构建大专业、多方向的理论课程体系

理论教学是水利水电工程专业人才培养可持续发展的基础，根据教学目标，水利水电工程专业的人才培养应按照通识培养、专业教育、实践教育的模块设计教学流程，确定不同阶段的教学目标和课程体系，形成有机衔接、相互支撑、完整统一的培养模式。在理论教学中，应以培养应用能力必需的基础知识为主线，根据知识的相关性和互补性进行课程的整合和知识模块的拼装，合理分配各课程知识内涵。水利水电工程专业教学应遵循"实践—理论—实践"的认识规律，突破学科体系，侧重工程施工和施工管理，形成以实际工作岗位所需要的技术应用能力和基本素质为主线的理论教学体系。

（一）夯实基础

它包括人文社会科学、自然科学和技术方面的教育。大学一二年级的学生需要综合全面地了解人类知识的总体概况，在拥有基本知识和教育经验的基础上，理性地选择或形成自己的专业方向，通过融会贯通的学习方式，打下较宽厚、扎实的专业基础以及形成合理的知识和能力结构。水利水电工程专业可根据本专业的特点合理安排数学、外语、计算机等课程，使学生的基础理论知识不仅能满足后续专业课程和毕业设计的需要，也为将来学生的进一步自学打下坚实的基础。

（二）拓宽口径

对于水利水电专业学生来说，最关键的是拓宽专业基础课领域，淡化学科专业界限，增强学生对不同学科的知识融会贯通，使其从比较开阔的跨学科视角进行思考，达到不同文化和不同专业间的沟通。同时，要按"宽口径、厚基础"原则，以专业基础知识和基本技能课程为主，构成大专业课程体系，从而培养学生的综合素质，为学生专业学习和发展打下宽广而扎实的基础。

（三）注重专业教育

进入专业教育阶段后，学校要重点培养学生的专业知识和专业基本技能，对专业课程体系进行优化重组，构建新的专业教育课程体系。

（四）强化能力

增强学制和学习进程的弹性，压缩必修课课时，开设内容多样、形式灵活的选修课程。例如对于"水工建筑物"和"水电站"两门必修课来说，可根据培养目标，适当删减设计方面的理论知识，以培养大中型水电工程施工和管理工程技术应用能力为主线，优化组合压缩一定的教学内容；并开设相关的选修课程。这样的修订，在专业课类选修课和实践类选修课上都有了大幅度增加，从而极大地丰富了学生对课程选择的广度，拓宽了学生的知识面，调动了学生学习的积极性。

（五）注重个性发展

水利水电工程专业人才培养，应该注重学生个性化发展，尊重学生自主选择，开设专业特色模块和专业拓展课程。前者主要包括设计、施工及管理三方面，如"建设项目进度控制""混凝土喷锚技术""水利工程管理"等；后者则为拓展学生的知识面及加大将来就业概率而开设，如"农田水利学""路基路面工程""隧道与地下工程"等。学生可依据自己的兴趣或将来就业的方向有针对性地选择，以此实现人才培养模式的多样化。

第二节　优化水利水电工程的招投标制度

水利工程作为公益性事业，在人们的生活和生产活动中起到了重要的作用。因此，要对水利工程项目的安全和质量有比较规范的要求和标准，但是水利工程项目出现问题经常与前期的招投标工作有紧密的联系，这就需要对水利工程招投标的一些问题进行分析，从而找出解决办法，这样才能够保证水利工程项目的质量。

一、水利工程招投标的特点概述

（一）水利工程的投资方式

对于水利工程来说，前期的基建投资就是在工程建设期间的生产成本，包括材料的采购、劳动人员的薪金等。如果要征用土地，还包括拆迁费用、施工费用等一些其他活动产生的费用。这笔资金的数目是庞大的，来源比较多，但是通常来说有以下几种。

1. 政府扶持项目进行的财政拨款

由政府部门无偿的补贴，这种方式是比较常见的，在世界范围内的一些大工程，都会采用这种方式。

2. 金融机构贷款

通过向国内外的一些金融机构进行贷款来兴建项目。

3. 债券

为了筹集水利工程项目所需资金的一种社会性债务，通过向社会募集资金来兴建工程，并支付一定的利息。

4. 群众性的集资

一般来说，这种方式主要用于一些规模比较小的工程项目，通过个人或者某一团体共同筹集资金兴建水利工程。

5. 股票

水利工程的施工或者承办单位向社会发行股票，从而筹集到兴建工程的资金。

（二）水利工程的招投标

常见的招标方式主要有公开、邀请以及议标三种方式，当前，大多数工程项目采用的都是公开招标的方式，而邀请招标主要用于一些应急工程；议标则适用于一些秘密和应急工程，后两种招投标方式有很大的排他性，容易出现暗箱操作的情况，从而满足少数人的利益而损害大众的利益。投资方式的不同，也会使招投标的形式有所差异。例如，政府财政拨款的水利工程，这种工程项目比较多，资金比较充裕，对于承办单位来说获取的利益是比较大的，并且能够在市场上树立口碑，提升知名度。相应地，这种工程对于单位的资质、信誉度、技术要求都比较高，这也使这类项目的投标竞争十分激烈。由于这种工程的盈利比较多，而且具有很多好处，在激烈的竞争中容易出现一些人为干扰因素，暗箱操作的结果就是让市场失去了公平竞争的原则，并且对水利工程项目的质量构成严重的威胁。

二、水利工程项目的投标策略

水利工程的招投标是有具体的法律规范和市场要求的，所以要遵循公平、公正、公开的原则，以诚实守信为本，坚持科学的招标程序以及严格的监督和管理。在投标活动中，企业对于工程的报价比较看重，在获取最大成本的同时又能中标是企业生存和发展的重要内容。基于此，需要在遵守法律法规的基础上采取一定的投标策略。

（一）对招标文件进行深入的分析

招标文件包括工程项目的时限、工程的说明、工程的施工工艺、合同的条款、投标的报价要求以及一些其他特殊要求，对这些内容进行深入的分析有利于了解工程的需求，需要注意的是水利工程项目中所规定的工程期限、招投标所需要的条件、签署的方式。对于投标的截止日期要做到心中有数，形成相关的报告或者备忘录，避免因为遗忘而造成重大损失。为了能够在招投标时占据优势，企业需要掌握更多的信息，要对水利工程的项目进行调查和分析，了解水利工程项目的规模大小、对于施工工艺的要求以及项目建设资金的来源。要了解项目招标的需求条件，这样才能提高中标的概率。还要注意的是，招投标对于企业资历的要求和规定，避免浪费时间和精力。

（二）精心策划和编制标书

精心编写和完善投标书是提升企业单位中标的重要条件，也是最为重要的工作。水利工程项目的投标书主要包括三部分内容，要对于企业的资信情况进行说明，要提供一些真实有效、经过权威机构认证的信息和资料，这样才能更好地体现出企业单位的核心优势，根据企业的信息介绍判断出是否满足水利工程项目要求，要突出领导班子以及施工和技术人员团队，从而进行初步筛选。对于施工方案的说明和确立能够反映出企业对水利工程的了解程度，看布局是否规范合理、施工的工艺是否符合实际的水利项目需求。要根据水利工程的区域和实际特点来布局，采用先进的设备和施工工艺，尽可能地降低成本。在计算施工工程量的同时要对工程的清单进行分析和核对，这样能够为工程提供更加准确的数据。

（三）提升投标和报价的技巧

就当前而言，比较常用的报价策略有不平衡报价、修改设计、突然降价、优惠条件以及低价中标法。不平衡报价是大多数工程项目都会使用的一种报价方式，具体指水利工程项目在确定总价的基础上，对于每个小型项目的评价进行调整和完善，这样不会影响总体报价，也可以为中标单位获取最大的经济收益。修改设计要对原文件进行更改和完善；要降低工程项目的造价。突然降价可以看作是对心理的一种博弈，在投标截止的很短时间内突然去投标并降低价格，这样能够达到出其不意的效果。而优惠条件法是要根据企业单位的具体情况，提出一些优惠条件来吸引投标者，如对工期的优惠等就是优惠条件法。低价中标法简单来说就是在项目招投标过程中，取最低的报价来中标。这样能够节约一些资金，从而获取最大的收益。

第三节　充分对水利水电工程设计进行技术经济分析

施工组织设计中技术经济分析是一项极为重要的项目，也是确保施工组织设计合理性的重要依据。在具体施工中，技术经济分析的主要目的是进一步对施工组织设计方案进行经济、技术等方面的论证，探讨其是否具有可行性、合理性，然后使用计算机技术对研究结果进行分析比对，选择最优方案，最大限度地提高工程施工整体质量及经济效益。

一、水利水电工程项目国民经济评价概述

（一）评价原则

在水利水电工程项目国民经济评价工作中，首先要对水利工程项目的整体情况有全面深入的了解和认识，在具体分析评价的时候，要坚持真实可靠的原则，对水利工作项目进行实地勘察，收集项目的相关资料，并且进行分析和处理。在分析评价过程中，要对工程项目的各项费用和效益进行计算，在计算时要坚持基准一致的原则，具体来说，就是坚持计算内容、价格水平等方面一致。最后，就是根据国家相关的规范要求，坚持动态分析为主的原则，进而考虑资金的时间价值。

（二）评价方法

对水利水电工程项目国民经济进行评价，包括以下几个步骤：

确定水利水电工程项目目标设计的经济效益及费用，采用动态分析的方法将水利水电工程项目的经济效益和费用划分开来。在项目效益费用及计算范围识别中，主要采用的是有无对比法。该方法作为项目效益费用及计算范围识别的普遍方法，发挥着重要的作用，此方法的具体含义是指有项目和无项目的对比。

为了确定水利水电工程项目的经济效益和费用的估算价格，通常选用的计算方式是影子价格，影子价格可以对项目的相关参数进行系统分析和评价。

对国民经济评价指标进行分析。根据项目的项目收益、费用数值以及给定的社会折现率对项目的经济净现值、内部收益率以及效益费用比进行计算分析，利用经济净现值、内部收益率以及效益费用比三项指标的计算结果，来确定水利水电工程项目的盈利能力，进而分析项目的国民经济效益。

对水利水电工程项目的不确定性进行分析。不确定性分析主要包括项目经济敏感性和概率两方面。及时对项目进行不确定性分析可以有效地对项目所面临的风险做出识别，从而提高项目的抗风险能力。

对水利水电工程项目进行目标设计的经济效益及费用分析、经济效益和费用的估算价格分析、国民经济评价指标分析以及不确定性分析之后，企业需要对水利水电工程项目进行综合性的分析评价，再结合之前所做的工作，给出最终结论，并且根据结论为项目提出行之有效的政策建议。

（三）评价特点及作用

水利水电工程项目国民经济评价是国家从整体的角度来分析项目需要国家给予多大的扶持，同时这个项目又能给国家带来多大的经济收益，从而对项目的合理性和科学性进行评价。针对这一特性，水利水电工程项目国民经济评价需要具备以下几方面特点：

水利水电工程项目不以盈利为主，主要目的是实现水资源的合理配置以及可持续利用，所以，水利水电工程项目评价具有整体性的特点。

在水利水电工程项目评价时，主要以国民经济评价为主，财务评价为辅，国民经济评价具有硬性指标的特点。

国民经济评价对水利水电工程项目的作用主要表现在以下几方面：

国民经济评价可以让水利水电工程项目的投资更加科学化。从整体来看，国民经济评价具有很强的前瞻性，是从水利项目的长远利益进行分析考察的。财务评价过于注重企业的盈利能力而忽视民生效益。相比于财务评价，国民经济评价具有更强的科学性和整体性，比较注重民生效益，更能体现水利水电工程项目的投资科学性。

对水利水电工程项目进行国民经济评价，有利于宏观上调配资源，在资源有限的情况下，如何把有限的资源用于最需要的地方是重中之重，这属于国民经济评价的范畴。财务评价无法对资源的配置进行正确的分析和评价，存在一定的局限性，而国民经济评价可以对资源进行跟踪，优化资源的流动方向，这对水利工程项目的发展具有重要意义。国民经济评价的最终目的是将有限的资源发挥出最大的价值。

（四）评价指标

国民经济评价主要是依据国家颁发的《建设项目经济评价方法和参数》以及水利部颁发的《水利建设项目经济评价规范》来贯彻和落实。国民经济评价的基本参数主要包括以下几方面：

（1）社会折现率的选取；

（2）价格水平的确定；

（3）工程计算期的确定；

（4）水利工程总投资的计算；

（5）基准年和基准点的选取。

二、水利水电工程项目国民经济评价计算

（一）项目费用计算

国民经济评价中费用的价值量通常采用影子价格进行计算，始终从国家的角度出发，通过分析水利项目的全部费用和效益，进而确定水利项目的合理性。

（二）项目经济效益估算

在对水利水电工程项目进行经济效益估算的时候，一般计算的效益是项目运行期间的效益，所以经济效益折现时也要折现到水利项目的建设起点，具体就是计算的价格水平年。国民经济评价设计的范围较广，其中的效益计算主要包括防洪效益、灌溉效益、水力发电效益以及航运效益等。比如，水利水电工程项目建成后，在抵御自然灾害、保证农业健康发展中发挥了巨大的作用，同时水利工程项目减少了能源消耗，有效地保护了生态资源，水质得到更好的改善，形成了健康安全的水利环境。

（三）标准年的计算

为了按统一标准换算成可比价格，首先需要确定设计标准年。对于新建的水利水电工程来说，价格水平年比较明确，就是采用水利水电工程设计中估算的静态投资的价格水平年；对于已经建成的水利水电工程来说，目前如何确定价格水平年还没有明确的方式，但是从理论上讲，可以通过选取计算期内的任何一年来确定价格水平年。通过大量的研究分析，发现有两个具有代表性的年度可以用于已经建成的水利水电工程经济评价中。一种就是在设计时的价格水平年，利用这种方式可以将已经建成的水利水电工程的实际费用、实际效益和设计时所估算的费用和效益直接进行对比，但是该方法在计算评价中也面临难题，如果在设计时没有进行费用和效益估算，在后期的计算评价中还需要重新计算，这为标准年的计算增加了难度和工作强度。另一种是选取水利水电工程项目运行的某一年度，该方法的优势是可以与同期的水利水电工程项目做比较，容易得出经济效益的相关资料，缺点是需要对已经建成的水利水电工程项目的固定资产重新估价。

（四）计算期的计算

计算期包括水利项目的建设期和生产期。根据国家的相关规定，城镇供水工程的生产期为 30 ~ 50 年，大中型的水电工程为 40 ~ 50 年。对已经建成的水利水电工程项目如何确定计算期，一般来说，需要有针对性地分析确定。主要从以下几个方面展开分析：

（1）对于在建设前已经确定过经济评价的项目，计算期可以采用建设前经济评价时的计算期。

（2）对于已经运行 20 ~ 30 年的水利项目，计算期可以采用实际建设期和实际运行期，计算期的费用和效益均采用实际数据。

（3）对于已经建成但是前期没有进行经济评价的水利项目，计算期可以按照项目确定计算期的原则确定，也就是生产期加建设期。

（五）基准年和基准点的计算

目前，国内对基准年和基准点的计算主要有两种方法：

（1）和新建水利水电工程项目保持一致，选择计算期的第一年作为计算基准年。

（2）将计算期末的一年作为基准年。从理论上讲，选择计算期内的某一年均不会影响后期的评价结果，但是为了方便工作人员更好地进行分析和判断，笔者建议还是将计算期的第一年作为计算基准年，同时可以将年初作为折算的基准点。

第四节　积极改进施工组织设计方案

方案是水利水电组织设计中的首要内容，选择适合的施工方案才能完善组织设计，为组织设计提供有效的依据。施工方案的设计及确定直接关系到施工组织的效益。施工企业必须全面控制施工方案，确保所设计的施工方案具有可行性，才能更好地掌握经济要点，促进施工方案达到规范的经济标准。在施工方案中，既要设计好基础内容，还要优化施工顺序，明确施工方法，规划好可用的施工技术，确保水利水电施工的均衡性，以免某个环节出现质量问题，其他方案能够按照组织设计标识执行。此外，在施工组织设计中，需注意各个方案之间的协调性，科学的施工顺序，明确平面、场地、环境、技术之间的设计，有组织、有计划地设计水利水电施工现场的物资供应，掌握消耗数量，以确保施工现场物资供应。

一、水利水电工程施工组织设计通常存在的问题

（1）缺乏针对性、实用性的规划和设计。编制水利水电工程施工组织设计人员，由于缺乏本行业的技术理论基础和具体的施工经验，编制中对技术规范、标准、照抄照搬，不能对具体单位工程进行特点分析，千篇一律，无法起到指导施工的作用。

（2）编制水利水电工程施工组织设计人员自身素质不高、经验不足。目前，一方面，新的施工技术、施工工艺在单位工程的施工组织设计中得不到有效充分的应用；另一方面，由于本行业的信息传播不畅，对以往成功的经验缺少借鉴，编制的水利水电工程施工组织设计缺乏新技术、新工艺，起不到提高劳动效率、降低成本的作用。

（3）施工组织设计与工程实施分离。很多水利水电工程单位不能有机地与具体工程设计和实施相融合，施工组织设计只是应付投标或上级部门的形式而已，缺乏对具体工程的指导和操作作用。

（4）只重视技术管理，不重视施工效益。在中国经济高速发展的今天，注重经济效益，降低工程成本，是企业对每个工程追求的目标，而目前企业实施的很多施工组织设计，只重视技术管理方面的内容，主要追求的是施工效益，注重技术措施，再加上编制施工组织设计人员都是工科出身，对单位工程的经济效益考虑很少，编制施工组织设计人员也不考虑施工成本和经济效益目标。

（5）目前，编制水利水电单位工程施工组织设计较为笼统，缺乏适用，往往施工组织设计与实施分离，起不到指导施工的作用。

二、水利水电施工组织设计方案的改进

随着国家建筑管理体制的进一步完善，建筑水平的不断提高，原有的传统水利水电工程施工组织设计编制方法已经很难适应现在的建筑市场的要求。为适应日益激烈的市场竞争形势，适应建筑市场和新的建筑管理体制的需要，企业需要对现在的水利水电工程的施工组织设计进行改进。

首先，水利水电工程的施工组织设计的内容，根据国内的特点和要求，结合现有的施工条件，从实际出发，决定各种生产要素的结合方式。选择合理的施工方案是施工组织设计的核心，应根据多年积累的施工技术资源。其次，借鉴国内外先进施工技术，运用现代

科学管理方法并结合工程项目的特殊性，从技术及经济上进行比较，从中选出最合理的方案来编制施工组织设计。这是技术上的可行性同经济上的合理性统一起来。

运用系统的观念和方法，建立水利水电工程施工组织编制的标准，工程施工及相关部门对水利水电建筑工程施工项目的施工组织设计进行收集、整理、分析和归纳，使先进的水利水电工程的施工组织设计更能发挥效益，降低重复劳动，扩大先进经验。

实行水利水电水施工组织设计模块化编制，更多地运用现代信息技术，进行积累、分组、交流及重复利用。通过各个模块的优化组合，降低无效劳动。

水利水电工程施工组织设计内容应简明扼要，结合实际、突出重点，满足招标文件及各项规定、规范的要求，要具有竞争性，能体现企业的实力和信誉。

水利水电工程施工组织设计应扩大范围及深度，对设计图纸的合理性和经济性做出评价。实现设计和施工技术一体化，扩大技术积累，加大先进技术的转化，使先进的技术成果在水利水电工程施工组织中得到应用。

努力贯彻国家质量管理体系标准，走质量效益型发展道路。建立健全完善的、科学的、规范的工程质量管理体系。逐项地编制质量保证计划，并与施工组织设计工作同时进行，并努力使二者有机地结合起来。

在知识经济时代，信息技术在水利水电工程项目中所起的作用日益增大，应大力发展和运用信息技术。重视高新技术的学习和利用，拓宽智力资源的传播渠道，全面改进传统的编制方法，使学习在生产力诸要素中起到核心作用，逐步实现施工信息自动化、施工作业机械化、施工技术模块化和系统化，以产生更大的经济效益，增强企业的竞争力，使企业在日益激烈的竞争中获得更好的生存环境。

第四章

水利水电工程施工影响因素

第一节　环境影响

一、水质影响分析

天然河流水质通常酸碱度适中，溶解氧丰富。对河流开发后，对水质将产生多方面的影响。

水库内大体积水体流速慢，滞留时间长。一方面，有利于悬浮物的沉降，可使水体的浊度、色度降低；库内流速慢，藻类活动频繁，呼吸作用产生的二氧化碳与水中钙、镁离子结合并沉淀下来，降低了水体硬度。另一方面，库内水流流速变小，降低了水、气界面交换的速率和污染物的迁移扩散能力，因此，复氧能力减弱，使得水库水体自净能力比河流弱；库内水流流速小，透明度增大，利于藻类光合作用，坝前储存数月甚至几年的水，因藻类大量生长而导致富营养化；被淹没的植被和腐烂的有机物会大量消耗水中的氧气，并释放沼气和大量二氧化碳，同样导致温室效应。

水库建成后，尤其是大型水库水温随水深的变化而发生改变，表层与底层水温相差较大。水库内温度一旦出现分层，库水形成一种密度屏蔽，使底层冷水层变成厌氧微生物层。库内不溶解的固体物质沉降在库底并产生富集现象。库底浮游生物较少，缺少氧气。

水库周围污染源进入水库，经水库作用，使水质变化更为显著和激烈。水利水电工程建设的施工有很强的时间性，一般选择在枯水期，施工高峰期员工可达数千人，施工人员相对集中，如果施工人员产生的生活垃圾和生活污水进入水环境，水体 COD、BOD5、SS 等污染物含量增加，对水质将产生不良影响。水库建成后，因水流变缓，水体扩散稀释自净能力降低，水体中污染物浓度增加，入库支流河道污染加重。

二、生物的影响分析

水利工程建设的大发展，淹没了成片的森林草地，会影响陆生生物的生活环境；修坝后天然河流条件的变化也会对水生生物特别是洄游性鱼类产生直接影响。

（一）陆生生物影响

水库兴建、蓄水将会淹没大片陆地，对陆生生物的生长栖息地产生危险，给陆生生物带来多方面影响。水库蓄水淹没原始森林、植被，微生物多样性降低，鸟类、两栖动物和昆虫栖息地发生变化。涵洞引水使河床干涸，大规模工程建设对地表植被的破坏，新建城镇和道路系统对野生动物栖息地的分割与侵占，都会造成原始生态系统的改变，威胁多样生物的生存。

基于水利工程修建的地质要求，其淹没的土地主要是流域或沿岸的一些农田、平原、坡地等海拔较低地区，以农作物为主，水库兴建淹没土地对植物影响较大，对动物影响小。水库建成后，库区水温结构发生变化，夏季表层水温较高，随水深度增加，水温下降，底层较低；冬季水温出现逆温，随水深增加，水温反而升高，对下游农田作物灌溉产生影响。

但同时，水利工程的兴建将会增加流域沿岸湿地、沼泽的面积，而对这一带两栖生物以及水禽会产生有利影响，使它们的种类、密度相应增加。水利工程运行后，水库水体的存在使空气相对湿度有所提高，将减小森林火灾发生的概率，降低库周防火等级，对库周陆生植物生态稳定和生长有利。

（二）水生生物影响

水生生物受工程影响是比较直接、明显的。水库的兴建抬高了水位，改变了河流水生生态系统，破坏了水生生物的生长、产卵所必需的水文条件和生长环境。

建库对浮游植物和浮游动物都有较大的影响，都与水库所处的地理位置和库区库周的地形地貌、水库的类型和调节运用方式、库区库周的开发程度等因素有关，水温、水质等的变化使库水中的浮游动植物的种群和数量变化很大。

水库建成后底栖生物的变化随工程环境发生变化。平原湖泊型水库底栖生物较多，山区峡谷型水库底栖生物较少；在底栖生物生长季节库水位相对稳定的水库中的数量较多，而在水位变动频繁的水库中数量较少；在消落区大的水库中较少，而在消落区小的水库中较多；在富营养型的中小型水库中较多，在贫营养型水库中较少。

筑堤坝将使鱼类特别是洄游性鱼类的正常生活习惯受到影响，生活环境被改变，严重的会造成物种灭绝。水库大坝截断江河，阻隔了鱼类洄游通道，使洄游性鱼类不能顺利完成其生活周期。水库形成后，水体的水文条件发生较大变化，从而改变了鱼类的栖息环境，也相应地改变了鱼类的组成。水库运行过程中影响鱼类的产卵以及部分鱼类的繁殖。

三、气候影响分析

一般情况下，地区性气候状况受大气环流控制，但修建大、中型水库及灌溉工程后，原先的陆地变成了水体或湿地，使局部地表空气变得较湿润，对局部小气候会产生一定的影响，主要表现在对降雨、气温、风等气象因子的影响。

（一）降雨量影响

降雨量有所增加，这是由于修建水库形成了大面积蓄水，在阳光照射下，蒸发量增加引起的。降雨地区分布发生改变，水库低温效应的影响可使降雨分布发生变化，一般库区蒸发量加大，空气变得湿润。一般来说，地势高的迎风面降雨增加，而背风面降雨则减少。降雨时间的分布发生变化，对于南方大型水库，夏季水面温度低于气温，气层稳定，大气对流减弱，降雨量减少；但冬季水面较暖，大气对流作用增强，降雨量增加。

（二）气温影响

大型水库对气温的影响主要起到缓冲和调节的作用，通过升高最低气温、降低最高气温，在一定程度上减弱气温温差。具体的影响与当地原有的气候特点有关。例如在相对寒冷的地区，水库主要充当"热源缓冲"，可在一定程度上提高当地的年均气温，而在比较炎热的地区，则主要充当"冷源缓冲"，可能会降低局地的年均气温，起到平衡温差的作用。

第二节　工程系统影响

一、施组编制不完善

部分水利施工企业对施组编制不够重视，水利工程施组编制不规范、不全面，对质量标准要求、工艺技术要求以及现场规划布置等内容缺乏明确的规定，致使现场规划不合理，材料、设备乱摆乱放，重要通道被占用，严重影响施工的正常进行。另外，施组编制与实际施工技术、工艺及方案不匹配，对技术的可行性缺乏论证，导致进度控制措施缺乏可操作性，进度控制不可控、不受控等情况严重。

（一）施工方案不切实际

目前，大多数水利工程施工组织设计在编制过程中，对形式的注重多于对内容的注重，在有关规范和相关的书籍上照搬照抄，并不能切合施工的实际。例如，某市在进行河道治理工程中，在河道目上修建橡胶坝来形成水面景观，橡胶坝分两跨，每跨为 70m，一共是 140m，施工组织设计导流围堰时，按照一般的常规，依据橡胶坝的跨数分为两期围堰二次导流，后来施工方发现橡胶坝坝址处的河道外侧有一个沙坑，然后根据这种情况，将河水进行改道，坝址区只进行了一次围堰和一次导流，不仅节约了投资，还缩短了工期，这种情况应当引起施工方编制人员的思考，因此，在施工组织设计中要对施工方案的编制引起重视，做出的施工方案要切合实际。

（二）施工新技术未充分应用

虽然水利工程较为多样，但是施工技术上都是大致相同的，有许多成功的经验可以借鉴，且可以将一些成功的施工技术为我所用，但是也有许多中小型水利工程采用的施工技术是落后过时的，不仅费时费力，且施工效率低下，因此企业要对新技术进行充分的应用。

（三）施工机械和实际脱离

在编制施工组织设计时，采用的施工机械一般都是在编制概算定额中提到的机械，但是由于概算定额的使用具有周期性，有些机械已经落伍过时，在水利工程实际施工时，要根据工程的特点和要求，适当地使用一些新型机械，这样才能够发挥出施工组织设计的价值。

二、进度计划的风险性

水利工程受传统粗放式管理方式的影响，"重施工、轻管理，重质量、轻进度"现象较为严重。而在编制施工进度计划时，编制者往往凭以往经验，很少深入一线实地考察，致使所编制的进度计划与实际存在差异，进度控制措施考虑不全面，使施工进度计划缺乏合理性，周计划得不到落实，月计划完成情况较差，在很大程度上影响了水利工程施工的正常进行。

（一）风险识别方法

风险识别就是要找出风险之所在和引起风险的主要因素，风险识别是风险分析的第一步。通过对这些因素进行系统的分析，企业对风险结果作出定性估计。

风险是客观存在的，影响工程项目建设进度的风险因素因所建项目的功能、枢纽组成、结构、建设地点、施工方案、自然环境以及区域社会经济环境等各异而有所不同，所以风险工作识别要做到：首先，要具体问题具体分析，识别哪些是真正对工程建设项目有影响的因素；其次，要坚持经常、不断地积累风险识别经验，由于不同的工程项目千差万别，所以在借鉴已有经验的基础上，要不断总结新经验，使风险识别工作越做越好。风险识别主要包括收集资料、分析不确定性、确定风险事件、编制风险识别报告等；风险识别的方法包括核查表法、分解分析法、图解法等。

1. 核查表法

核查表法属于一种经验方法，就是对已建的类似工程项目的风险控制数据、图表等资料档案进行分析，并和现工程进行比对。要求项目的组织者、实施者本身具有类似工程的经验或有其他类似工程可以借鉴的经验，这些经验包括规避风险的成功经验和风险发生给工程造成的影响和危害。通过分析和比对，判断现工程项目可能存在的风险因素，分析估计可能出现的风险后果。

2. 分解分析法

分解分析法是将大系统分解成若干小系统，从小的方面分析风险与潜在的损失。施工进度计划风险控制是一项复杂的系统工程，施工进度既受本身工程规模、结构形式、施工方案的影响，同时还受到外界自然、社会、经济环境的影响。这些因素对工程组成的不同部分影响作用的程度也各不相同，所以利用分解分析法，按照水利工程项目的三级划分将复杂的、整体的项目分解成较为简单的容易识别的项目，从小的方面分析风险与潜在的损失。

3. 图解法

图解法即从原因找结果，先确定事件发生后会产生什么样的后果，然后从后果中发掘原因，再进一步分析。以工程滞后为例，先分析滞后发生的原因，然后再返回头来寻找原因，提前制定措施，防止延后事件的发生。

（二）外部风险因素分析

1.工程款项不能及时支付

工程款不能及时支付的原因很多，主要有业主出现资金短缺，施工过程中没有及时制订支付进度计划，导致前期资金花费过大，而下批资金还未到账；监理单位没能及时配合，月末没有及时进行计量，无法支付等原因。这些原因导致施工企业无法完成资金回笼进行下一步工序的施工，从而延误工期或者导致停工。

2.项目其他参建方的不利影响

（1）业主方面的因素。工程建设手续不完备的影响。业主为了其利益，违反建设程序，在施工前需要办理的手续未上报或者未完成，就要求施工单位开始施工，被有关部门查处从而造成停工或工期延误。施工场地没及时提供的影响。工程在开工以前，应该将工程占地手续办妥，并且保证工程进场前，通水、通电、通路，场地平整。否则，虽然业主同意施工企业进场，但是开工必需条件不具备，施工企业进场也只能徒劳，并且施工企业进场之后造成人工、材料、机械的闲置，导致更大损失，有可能对业主进行索赔，更不利于工期的顺利进行。业主要求变更设计的影响。部分业主对工程的使用要求发生变化，使得已经开始施工的项目必须补充或者变更设计，出现了边勘察、边设计、边施工的三边现象，造成工程施工过程中出现编制施工计划时意想不到的问题，导致工期延误或者停工。

（2）设计方面的因素。工程虽然经过详细的设计，以及专业审查和有关部门的层层审批，但不免在施工中出现设计不合理或者无法施工的情况，导致设计变更或者施工图纸无法赶上工程施工进度，延误工期或者停工。

（3）监理方面的因素。监理单位在施工过程中应对工程质量起到监督、检查的作用。其中包括工序的安排、设计文件的校验、检查，协调业主与承包商之间的关系，将建设单位的意图准确传达给承包商等。这些职责中，任何一项延误都会对工期造成影响甚至停工。

（4）分包商之间协调不力的影响。业主在把主要工程发包给施工企业的同时，把分项工程或劳务分包给其他企业，而总包与分包之间缺乏沟通与协作，总包与分包的关系难以协调，导致工程延误甚至停工。

3.其他

（1）内外交通不达标的影响。施工现场内外交通达不到设计要求，影响交通运输，不能保证材料、物资的正常供应和机械设备的正常使用，导致工程项目的窝工或停工。

（2）突发事件对工程的影响。工程所在地突发环境污染、生态恶化、强雨、强雪、强风等事件造成的供水、供电、交通中断对工程产生的不利影响。

（三）承包方内部风险因素

1.施工组织计划不当

施工组织主要包括各单位、专业、工序之间的衔接、配合，对人员、机械、材料的合理利用和安排，有利于工程顺利、有条不紊地进行。管理中的任何一个环节出现问题都会对工期产生影响。

2. 施工方案不当

施工方案是施工企业根据工程任务、设计要求、现场条件，对未开工项目进行的规划、策划。其包括对现场气象、地质、水文条件，现有资源的分析，根据设计工程量确定施工强度和主体工程施工方法，由强度确定人工、材料、机械的配置以及进行细部工程设计。施工方案直接指导工程的现场施工，其方案的可行程度直接对工程的实施起到决定性作用。施工方案考虑不当，会使工程效率低下，资源利用率不高，机械闲置或者不足，造成施工成本增加和工期的延长。

3. 经常出现质量或安全事故

项目管理的三大目标为：安全控制、进度控制和质量控制。三者之间相互影响，相互制约。工程质量出现问题，必然导致修复返工；工程安全出现问题，更会因处理事故拖延工期。因此，越早制订安全预案和质量控制方案，对于控制工程进度越重要。

4. 施工人员、施工机械生产效率低

人员的控制是施工管理的重点和难点，因为施工人员在工作能力、素质、专业素养方面参差不齐，即使制定统一的标准也未必能达到满意的效果，还有的施工企业将劳务分包，更无法对人员进行更好的管理和控制。因此，在人员管理方面应从长远着手，培养自己的团队，在专业、能力、素质方面培养一批属于自己企业的技术人员。机械的使用也是施工管理中的重点。施工机械的种类由施工项目、强度等决定。选择合适的种类和数量能极大提高施工机械的使用效率，避免因施工机械的数量不当导致机械的闲置和紧张，继而导致资源的闲置和工期的延误。

三、作业协调不到位

水利工程通常工期长、体量大、环节多，其中，围堰清淤、土方开挖及运输、基础放样、导流围堰、河底清淤、竣工验收等各个环节交叉施工，资源重叠使用，在此过程中，如果技术人员协调不到位、调度不周全，就会使各环节极易发生冲突，影响正常施工进度。另外，水利工程所面临的环境通常较为复杂，对技术人员及技能水平要求较高，如果遇到突发状况而处理不善，就会影响质量，耽误工期。

（一）施工调度工作的主要内容

施工调度工作主要包括以下内容：

（1）督促检查各时期的施工准备工作进展情况。

（2）督促检查施工计划的执行情况，并根据工程施工进展的需要，合理调配人力、材料、半成品、构件和施工机具，保证工程进度的顺利进行。

（3）及时发现和处理工程质量、施工进度、安全等方面的突发问题及薄弱环节，协调和解决各相关部门的矛盾和关系。

（4）检查施工总平面图的布置和执行情况，协调道路、供水、供电及场地中出现的矛盾。

（5）组织好调度会议，传达有关上级决定，检查上次调度会议决议的执行情况，并解决存在的问题。

（6）预报天气变化情况，及时做好防寒、防冻、防暑降温、防晒、防（度）汛、防风等措施。

（7）按工程施工各阶段验收要求，做好各项施工完成情况的检查、记录和统计分析工作。

（二）机电设备安装与土建施工的协调

机电设备的安装施工和土建工程施工是水利工程建设中两个非常重要的组成部分，其中土建工程施工的主要目的是促进机电设备安装质量最优化，因此，在水利工程建设中，必须保证两者之间的相互协调和相互配合，共同发挥出最佳的施工效果，才能从根本上保证水利工程施工质量。

1.机电设备安装与土建施工协调配合的重要性

在水利工程建设中，机电安装与土建施工之间的协调配合质量直接影响整个工程建设的质量和建设效率，同时两者之间的配合度也会对水泵站、机组设备的稳定高效运行产生重要影响，除此之外，配合度与工程建设的成本支出、施工单位的经济效益以及工程管理之间也有相当密切的联系。由此可见，机电设备安装与土建工程施工之间的协调与配合对水利工程建设的方方面面均产生重要影响，不仅关系到工程的施工质量，还决定着该项水利工程建设项目能否如期完工。

2.机电设备安装与土建施工协调配合的主要内容

（1）施工方案方面。在水利工程建设过程中，机电设备的安装施工方案与土建工程的施工方案之间可相互影响。比如，一般在进行土建工程主体结构的混凝土施工过程中，必须将预埋构件以及预留孔洞的位置、规格尺寸等设置得合理、准确，以保证土建施工的质量。进行机电设备的安装时，需要在安装之前进行设备主机调试工作，以此保证施工操作环境的安静和整洁。进行支撑模板的支设、混凝土浇筑和振捣作业时，预埋部件、预留孔洞位置出现偏差的现象在水利工程建设过程中比较普遍。由此可以看出，安装机电设备之前，对施工组织方案进行全面的拟定工作具有重要意义，因此，相关设计人员需要与施工人员之间建立良好的沟通，以此保证施工人员能够全面掌握施工环境以及相关施工要求，理解设计人员的设计意图，在施工时两者相互配合，提升施工质量，减少施工周期。

（2）施工人员方面。机电设备安装与土建施工协调配合的重要内容之一，就是机电设备安装施工人员与土建施工设计人员之间的配合。安装直径较大的电缆线及其管道、预埋防雷设施、预埋接地设施、预埋辅助机械地进出水管线路、预埋吊环装置以及大型机械设备的托运等，上述作业进行过程中，需要适时地协调相关专业施工人员，相互配合完成设备的安装施工。

此外，相关施工人员还需要以土建施工的进度安排为依据，做好机电设备安装的前期准备工作以及后期保养工作，例如，预埋部件的电缆管道安装工作就需要在土建工程的主体结构架设竣工之前完成。

（3）交叉施工方面。机电设备安装与土建施工的交叉施工协调配合工作，受到水利工程建设难度较高、施工规模较大，并且水利工程项目的施工技术还具有多样性和复杂性特点的影响，致使其与工程的施工时间和进度之间具有十分密切的联系。因此，水利工程建设施工单位为了如期完成施工任务，就会普遍采取不同类型的分项工程之间进行交叉施工的措施。然而，施工单位为了可以在指定的施工环境、施工技术的制约条件下按时完工，保证水利工程建设施工的高效进行，就需要两者之间的交叉配合施工必须具有重要性和必要性。

（4）施工现场方面。在水利工程的机电设备安装施工中，设备的主体以及金属结构的框架具有较大的重量，一般情况下，这种物件需要在设备安装施工开始之前运进施工现场。因此，施工现场临时通道的铺设工作需要使大体积物件的运输条件得到满足。同时，设备安装中需要的临时仓库的建立不能与厂房之间存在过远的距离，对于需要后期安装的机电设备应采取及时保养措施，避免机电设备出现质量问题。

3. 机电设备安装与土建施工协调配合过程中存在的主要问题

（1）漏装预埋件重量较大。相对于机电设备而言，漏装预埋件的重量较大，导致在水利工程施工以及机电设备等待安装的条件下，一般质量和类型的起重机无法发挥原有的功效，只能通过托、吊等手段配合施工，这个步骤要求工程主体结构进行混凝土施工之前，需要将托件以及吊钩等部件进行预埋处理，然而在该步骤进行过程中漏埋现象时有发生，这就导致机电设备的安装、后期保养以及检测维修等环节难以有效开展。因此，水利工程必须严格依照设计图纸进行每一个环节的施工，当混凝土强度超过混凝土设计强度的70%时，才可以进行机电设备的安装作业。

（2）预留电缆孔洞位置不合理。水利工程建设中，需要安装的机电设备结构相对复杂，类型多样，需要安装的电缆数量较多，因此，在土建工程主体结构施工中，部分设施出现预留电缆孔洞漏留的现象比较常见。除此之外，一般情况下直径较大的电缆在进行大角度转动时难度较大，因此需要充分考虑待安装电缆的真实尺寸。然而，当前我国水利工程进行电缆安装施工时，电缆转向区域的设计中尚未完全考虑到在实际施工场地电缆所需要的空间，导致电缆转向难度增加，致使电缆外部的保护层遭到破坏。

（3）机电施工以及预留孔洞的位置有误差。在安装机电设备时，设备的尺寸、规格、预留孔洞以及标高位置等方面出现误差、偏差等问题比较常见。一般情况下，误差主要出现在工程主体结构的混凝土施工设计方案以及机组设备的标高数据中，可调整垫板的厚度与机电设备的基础底板高度都会标注在相关设计图纸中，但是可调整垫板的规格尺寸并不会被标注其中。在承重梁的配筋环节，施工人员往往会忽视垫层厚度与机电设备基础高度之间的关系，导致水利工程中机电设备的安装高度与图纸中的设计高度之间出现较大误差。位置和尺寸出现误差情况是预留孔洞位置出现误差的两种表现形式，支撑模板的质量不合格，在进行混凝土浇筑过程中其侧向和上方位置的负载较大，致使支撑模板变形，这是预留孔洞位置出现误差的主要原因，此外，在施工过程中，放样和定位的操作不规范也是导致预留孔洞位置出现误差的重要原因之一。

（三）质量控制模块与管理模块的协调

水利工程施工过程中质量控制模块与管理模块都十分重要，其影响因素繁多，有效协调质量控制模块与管理模块之间的关系，以更好地满足水利工程施工需要，努力实现更大的经济收益，为我国现代化经济建设添砖加瓦。

1. 水利工程的质量控制分析

水利工程施工是一项长期且复杂的过程，在施工中需要所有工作人员对质量进行全面控制，确保水利工程的工程质量。通过优化水利工程的质量控制，可以大幅提升水利工程施工质量。所以，施工人员应当重视质量管理，积极遵守国家的相关法律法规及施工规范要求，做好质量控制工作，对施工的各个环节进行协调。通过对严格管理、科学的决策，从而保证工程正常开展，满足水利工程的各项质量目标的要求。水利工程施工中质量控制模块与管理模块的协调需要建立健全的质量管理体系和完善的质量管理办法。健全的质量管理体系可以对质量控制模块进行把控，及时在质量控制过程中发现问题，并提出有效解决问题的办法。解决问题后及时总结，避免类似问题再次出现。

在水利施工中，很多因素都会影响施工环节的正常开展，例如施工人员素质参差不齐，管理人员质量管理意识不足，施工机械设备以及技术、环境等因素的变化，这些因素都会对水利工程开展产生深远影响。有些施工质量控制模块中，施工图纸的设计变更是很常见的，这些设计变更对施工费用、施工工期等都会产生影响，再加上施工环境、天气的变化，都会对施工质量产生影响。因此，管理人员应当提前进行质量教育、技术交底，培养管理人员的质量意识。在我国现代施工条件下，很多施工单位为了节约成本，聘请的管理人员缺乏专业知识和能力，缺少管理经验，并且多数施工人员技术水平不达标，这种现象导致水利工程的施工质量管理与控制无法正常开展，工程质量不达标。

2. 水利工程质量控制模块协调应用

为了满足水利工程在施工过程中的需要，建设健全的水利施工质量保证体系是十分必要的。建立健全的施工质量保证体系需要从根本上对质量责任制进行建设，对管理人员和施工人员进行充分协调，积极开展建立工作，健全质量管理体系。完善质量管理体系，保障内部环节的配合，从而对施工进度和施工质量进行控制，保障水利工程质量控制模块的应用。公司应对质量管理责任制进行充分落实，确保水利施工质量符合规范规定及设计标准。质量控制体系需要相关主管部门的督促和重视，从根本上落实责任制。明确项目经理、项目副经理、技术负责人等具体人员的质量岗位责任制，层层落实，并且做好检查和监督工作。

在施工过程中，水利工程如果出现了质量问题，应当对其进行责任认定并对相关责任人进行追究，相关部门以及设计人员必须对其质量问题负责，避免类似质量问题反复出现。综上所述，从根本上对质量责任制进行落实，对加强质量控制有深远的意义。随着时代的进步、科技的发展，施工管理人员以及操作人员应提升自身素质水平和专业技术水平。公司应当定期进行分类培训，加强管理人员的管理能力以及整体把控能力，对实际操作人员进行技术培训以及新技术新方法的普及教育，保证管理人员和实际操作人员能够与时俱进。

除此之外，持证上岗也是一个主要控制环节。公司应当根据施工的工期目标对工程进度计划、人员进场计划、物资进场计划、施工质量目标进行控制，并且制定了实现这些目标所必需的方法、依据、制度、保证体系等。对工程各个分项、分部工程的工序、验收标准、质量标准、质量评定、质量检查进行详细规定，实时监控每一个施工工序，确保从人员进场到材料进场到施工全过程都严格管控，协调进度和质量的关系，从而保证施工质量目标得以实现。

水利工程的质量控制应当分为前、中、后三部分，前期控制主要是对开工前项目部所提交的施工组织设计、分部分项施工方案以及质量管理体系、质量管理制度、质量保证体系进行严格审查，尤其对施工单位拟投入工程的施工技术人员的数量以及素质进行严格筛查；对于拟与工程合作的原材料、成品、半成品等材料厂家进行考核，对拟与工程合作的机械厂家进行考核，淘汰考核不合格的厂家，从而保证工程质量的优化。中期控制是指对施工的工序进行控制。主要是对施工进度、施工过程中的质量、施工方法等进行检查控制，形成完整的施工资料，在内部检查合格的条件下，填写报验申请，由监理审核，确保每一项管理都完美地对质量进行控制。后期控制是对已经竣工的分部分项工程质量进行检测，同时整理施工资料，总结施工过程中的问题，为以后的水利工程施工积累经验。水利工程施工中质量控制模块与管理模块相结合，对质量责任制、图纸会审、技术交底、施工日志、试验检测报告、施工技术档案以及工程的竣工验收等进行共同管控。

通过管理模块对其制定相关责任制度，质量模块对其进行落实检查，明确分工，做到各司其职，便于明确质量分工。在日常管理中，水利工程的投资控制同样需要引起有关部门的重视，对新型施工技术进行协调，保障设备完整性，并且适时更新，保障资金的利用率最优，从而保障施工质量优化。材料的采购直接关系施工质量，质检人员应当对材料质量进行把关，进出库材料应当严格地执行检测制度，检验合格后方可使用。公司建立健全的质量控制体系有利于保障工程的开展，应当引起管理人员的重视，对水利工程开展管理和监督，保障其满足施工质量的需求，保障其符合国家施工规范，从而提升工程应用效益。

第三节 施工技术影响

一、灌浆技术对水利水电工程的影响

在水利水电工程实际施工中，施工单位必须根据施工现场的实际情况完善施工技术的应用，提升技术应用水平，从整体上保障水利水电工程的施工质量。灌浆技术能够减少水利水电工程出现渗漏概率，起到提升工程稳定性的作用，正确合理应用灌浆技术能够推动水利水电工程技术的发展，从而造福于人类。

（一）水利水电工程灌浆技术的应用意义

水利水电工程建设中一旦发生渗漏问题会严重影响工程的施工建设，甚至会延长施工进度，增加施工成本，不利于把控水利水电工程的施工质量。灌浆技术的应用能够有效减少工程的渗漏问题，使水利水电工程的地基更加稳固，是当前水利水电工程施工中必不可少的一项应用技术，但是具体应用灌浆技术还应该结合施工的具体情况，综合考虑影响灌浆技术应用的各种因素，把握技术的应用细节，才能更好地实现对灌浆技术的应用，确保水利水电工程能够促进工业和农业的发展。

（二）水利水电工程中灌浆技术应用要点分析

1. 灌浆材料的选择

要想保障水利水电工程中灌浆技术的应用，首先要正确地选择灌浆材料，为灌浆技术的顺利施工奠定材料基础。灌浆的材料分为水泥砂浆灌浆、水泥灌浆、水泥黏土灌浆、黏土灌浆或者化学分子灌浆等，但是水泥灌浆比较常见，具体施工环境下根据条件的不同也会几种材料混合使用，达到充填裂缝的效果。首先，确定施工的地质条件，如果是坚硬的岩层，就需要按照比例将几种不同的材料混合，避免材料过稀或者过于浓稠，否则都不利于有效深入坚硬的岩石缝隙中。好的灌浆材料能够提升混合灌浆材料的可灌性，增强施工地层的防渗效果。其次，在应用水泥、黏土或者化学分子等材料时应该正确配比，还要注意材料的检测环节，剔除质量不达标的材料，才能保证灌浆材料的质量，进而保障灌浆技术能够顺利地实施。

2. 钻孔

水利水电工程灌浆技术施工中关于钻孔的技术要点，需要注意几个方面：首先，在钻孔施工前期，要对即将施工的场地进行现场勘查，明确钻孔的深度和直径数据，因为若是钻孔施工中深度和直径数据不合理，将会影响最终的钻孔效果，进而影响灌浆技术的应用效果。其次，某些地址的特殊性，比如岩石层比较坚硬，钻孔施工需要选择专业的钻孔工具，这样才能保障钻出的每一个孔都有相同的尺寸参数，而且每个孔都有顺直的平面，最大限度地保障钻孔的质量。最后，钻孔要想保障质量，每一个孔都要确保垂直度，必要时做好孔斜的测量工作，一旦发现不合理的孔斜问题，及时采取补救措施进行完善，避免钻孔的垂直度达不到标准而阻碍灌浆技术的发挥，最终影响水利水电工程的顺利施工。

3. 冲洗

冲洗主要是指在钻孔施工完成后，对钻孔的内部进行冲洗清理处理，将孔洞内的垃圾和杂物都要冲洗干净，保障后期灌浆施工的操作。首先，冲洗工作的第一步就是保障清洗水源的清洁，如果水源含有杂质就难以保障冲洗孔洞的清洁度。其次，清洗过程中对水流的速度也要设置好，既不能强度太高，也不能强度太低，应该把握好水流的速度，控制好冲洗的强度，对孔洞进行全面清洗，不留下一丝死角。最后，将孔洞彻底清理干净之后才算完成冲洗环节。除了对孔洞进行清洁外，还要对各个施工缝隙进行冲洗，通过高压水流的方式将缝隙中的杂质和垃圾彻底清理干净，为灌浆注入缝隙中打下良好的基础。

4. 压水试验

压水试验的实质是指通过水柱的自身重力，将适量的水注入用来试验的钻孔中，观察一定时间范围内水量和压力的关系，从而得出相关的数据对孔洞或者缝隙的程度加以了解。压水试验的重点是突出压力设置，使得压力既适应孔洞和缝隙，增加压力的适应性，又符合现场施工的标准，以便及时发现钻孔试验段的问题，准确地预估钻孔的质量。压水试验的目的就是在后期施工中灌浆能够更好地适应孔洞，保证灌浆技术能够顺利地应用于水利水电工程中，发挥灌浆技术的价值。

5. 灌浆

压水试验施工后就要进入最重要的环节——灌浆施工，选用按照科学比例配置好的水泥或者黏土材料的灌注浆，针对不同的施工环境和地质条件采用不同的灌浆技术。如果施工地质条件良好，就可以采用全孔灌浆的方式，该方式操作简单，施工效率高，技术含量低，能够快速将整个孔洞灌满水泥浆，从整体上把控钻孔灌浆的质量。一般以基岩段的长度为依据，比如当基岩段长小于 6m 时，即可采用全孔一次灌浆法；当基岩段大于 6m 时，可采用自下而上分段灌浆法，特别注意的是采用该方法时，当灌浆段的长度因故超过 10m 时，应该对该段采取补救措施。一般来说，灌浆的方式有纯压式和循环式，若是浅孔固结灌浆可以应用纯压式，因此选用适宜的灌浆方式能够提升灌浆的效率。

6. 封孔

封孔是灌浆技术应用的最后一个环节，即当一个孔洞的浆液充分灌注完成后，针对每一个孔洞的具体情况进行密封工作，一般为了提升孔洞的密封性和防渗水性，都会使用封孔剂来达到此种效果，但封孔剂要适量，避免对表面的灌浆层产生腐蚀，否则不利于封孔效率的提升。最后是封孔的检查工作，因为封孔工作具有隐蔽性，应该对各个孔洞进行质量检查，防止出现质量问题，以确保整个灌浆工程的稳定性。

（三）水利水电工程中常用的灌浆技术分析

1. 诱导灌浆技术

诱导灌浆技术是水利水电工程中最为常见也最为普通的技术。诱导灌浆技术的原理是通过电化学的技术设置阻力阻止侧压力，或者控制浆液温度的方式来达到计算浆液的流动的目的，具有加固工程地基的作用，达到防渗的效果。诱导灌浆技术更多强调的是不同的环境要求下使用该技术，其实质就是创设一个具有防渗效果的灌浆帐幕工程，能够更好地促进水利水电工程的发展。

2. 混凝土裂缝灌浆技术

混凝土裂缝灌浆技术针对的是对水利水电工程混凝土裂缝进行封堵的技术方式，该技术方式具有成本低、操作流程简单、效率高的特点。施工中主要是通过环氧灌浆法操作的，对混凝土中由于强度不够出现的裂缝的修补效果非常好，同时该技术的经济性和安全性受到施工单位的欢迎。未来水利水电工程还会继续发展和完善此项技术，更加提升其可行性，为水利水电工程的建设保驾护航。

3. 高压喷射灌浆技术

高压喷射灌浆技术多用于对水利堤坝工程进行防渗加固，主要是通过高压作用下喷射的力量达到破坏被灌土体的目的，使喷射出的浆液与破碎的土体进行充分融合，形成坚固的防渗板墙，达到防渗加固的目的。高压喷射灌浆技术一般按照喷射的方式可以分为旋喷、摆喷和定喷三种技术方式。首先，旋喷就是旋转喷射，有利于形成桩柱状凝结体，一般用来加固地基。其次，摆喷易形成比较厚的板墙，一般中低水头的水利水电工程应用较多。最后，定喷会形成薄的板墙，只应用于低水头的水工工程中。总之，水利水电工程施工中要看具体的施工条件选用具体的施工技术，以达到最好的效果。

（四）注意灌浆技术的养护管理工作

在水利水电工程施工中，即使灌浆施工技术的施工环节非常重要，也要注意该技术的养护管理工作，只有加强后期的养护管理工作才能真正提升灌浆技术的施工水平。首先，注重该技术应用的验收环节，对于质量不达标的工程项目不予验收合格，充分保障水利水电工程本身的质量。其次，关注养护工作的细节，对于养护工作中出现的问题应该及时改正，达到相应的质量标准，才能确保灌浆技术得到更好的应用。

二、围堰技术对水利工程施工的影响

作为水利工程建设中的临时性围护结构，围堰能起到防止水和土进入建筑物的作用，规范化地使用围堰技术能有效提升项目施工的效率性与安全性。

（一）水利工程围堰施工要求

1. 重视围堰结构设计

在以往的施工中，部分水利项目建设的围堰存在渗漏、冲击和垮塌等问题，影响了水利项目建设的效率与安全。为避免这些问题的发生，在新时期水利项目建设中需重视围堰结构的合理设计，同时应制订科学、完善的施工计划，确保围堰施工内容的高效完成。基于围堰建设的高质量要求，在围堰结构设计前，还需对水利工程建设区域的地质、水文情况进行具体调研，从而为围堰结构设计、围堰技术应用提供有效依据。

2. 优化水利工程布局

从近些年水利项目施工情况来看，当前水利工程设施建设具有规模持续扩大、施工环境日趋复杂的特点，这在一定程度上对围堰工程结构形式的选择和应用带来了较大挑战。在水利项目建设中，为充分发挥围堰防护职能，确保水利项目高效建设和应用，还需优化工程结构布局。例如，水利施工人员可依靠信息技术进行工程运行情况的动态化、信息化管理，并依托大数据、BIM 技术进行围堰施工数据计算和技术方案设计，提高围堰建设的专业程度。

3. 加大新技术的应用力度

为进一步提高水利工程围堰施工质量，还需强化新技术、新工艺的应用。一方面，针对围堰水土渗漏及冲击问题，可扩大双层薄壁钢围堰的应用范围，起到良好的挡水、围水作用；另一方面，在施工中，可对围堰防冲技术、高程控制技术、导流设计等内容进行优化，通过控制标准的补充和完善，约束围堰及水利工程建设过程，不断提高工程项目的建设质量。

（二）水利工程围堰技术控制要点

1. 正确选择围堰结构形式

水利工程项目建设环境具有一定的复杂性，当基础建设条件不同时，围堰结构形式的选择也会存在一定差异。现阶段，除了不过水围堰、过水土石围堰，混凝土围堰、双层薄壁钢围堰也是围堰应用的重要形式。不过水围堰是最常见的围堰应用形式，在不过水围堰建设中，应对填筑土石方等材料进行选择，确保这些材料与周围环境具有较高的吻合度，同时这些材料的应用有助于提升岩体结构稳定性。此外，为避免堰身出现变形、渗漏问题，在控制深水、动水的基础上，还需对河床的具体情况进行测量、控制。使用过水围堰进行水利工程防护时，需重点加固围堰下游坡面以及堰脚部位。现阶段，在这些部位加固过程中，常用的加固手段不仅包含钢筋石笼护面加固，还涉及混凝土板护面、加筋护面加固，采用这些加固方式可有效提升围堰支撑能力。混凝土围堰包含重力式和拱形两种形态，其中重力式混凝土围堰的两侧均具备河水疏通堵的作用，而拱形混凝土围堰的导流作用较为突出，但在实际应用中，需对围堰抗压强度、断面大小、建设成本等要素进行系统控制。双层薄壁钢围堰在水深且流速较大的地区应用较多，其不仅具有防水、围水的作用，还可以支撑基坑的坑壁，综合效益较为突出。

2. 合理设计围堰高程

高程控制是围堰技术应用的重要内容，在堰顶高程设计中，不仅要考虑围堰的实际工作环节，还需要对项目导流设计情况进行系统分析，以此确保围堰设计应用的规范性、合理性。在上流围堰高程设计中，设计人员需要在考虑水位、爬高的基础上，对围堰安全超高情况进行规范控制，此外还需系统管理上下游的水位差情况。而在下流围堰设计中，下游水位、波浪爬高和围堰安全超高是三个基本的设计要素。值得注意的是，对于用来拦截水流的围堰，在高程设计中需考虑调洪因素、纵向围堰设计，然后按照阶段分布的形式进行顶面设计，满足上下游围堰顶高设置要求。

3. 重视防渗防冲设计

围堰使用过程渗透、冲击影响强烈，这要求在围堰技术应用中应将防渗防冲设计作为设计重点，系统开展围堰结构的斜墙、水平铺盖和垂直防渗墙设计。防冲设计要点如下：

（1）科学合理地选择斜墙、水平铺盖和垂直防渗墙的建设材料，明确规定此材料的类型、尺寸。

（2）围堰底部防护设计中，应重视抛石护底、柴排护底方式的应用，合理设置导流墙，达到稳定束窄河道水流的作用。

（3）系统开展围堰接头部位设计和施工，如可选择刺墙的形式来增加绕流渗径，则能减少集中渗漏对堰体的危害，确保围堰接头的稳定性，达到提升围堰防冲的效果。

在围堰防渗施工中，灌浆防渗是较为常用的技术类型，其技术要点如下：

（1）灌浆防渗施工钻孔中，应将孔径的大小保持在130mm，同时孔深植入基岩的距离需不低于50cm，钻孔偏差保持在25cm以下。

（2）灌浆防渗施工要注意冒水、脱空现象的控制，在钻孔结束后，工程人员应进行PVC管的高质量安放，通常该类管道的间距保持在10~15cm，管道直径为5cm。

（3）灌浆施工前，应对灌浆材料的配比进行严格设计，然后按照全孔灌浆的方式进行处理，提升整体灌浆效果。要注意的是，就地取材是灌浆防渗施工的基本原则，一方面，围堰本身是一个临时性结构，采用灌浆防渗技术施工时，通过就地取材可节约工程建设成本，这对于工程效益具有积极作用；另一方面，其能进一步降低施工污染程度，实现环境污染的有效控制。此外，通过灌浆施工能使围堰结构内部的应力状况良好，提升围堰防渗效果。

4. 规范进行工程导流

为最大限度地发挥围堰的防护作用，在水利工程建设中还应注重围堰施工和施工导流的有效配合。现阶段，水利工程围堰导流包含分段导流和全段围堰导流两种基本形式。分段导流利用围堰工程结构分段保护水利工程建筑物，其在混凝土坝中的应用较多。水利项目施工中，如果采用纵向围堰分段导流施工形式，还应重视河心洲、小岛的应用，进而在人工构筑物、自然环境协同中提升导流效果。在全段围堰导流中，需要建设一定的排水通道或者永久排水建筑来下泄河水。目前排水通道的应用较多，水利项目施工中，可结合工程建设区域具体情况选择隧洞导流、明渠导流、涵管导流等形式的排水通道，减少水流对围堰的影响，提高围堰施工及水流工程建设质量。

（三）围堰技术在水利工程中的应用实例

1. 项目概况

某水利工程集防洪、灌溉、城镇供水、工业供水等功能于一体，是一座位于河流中游的中性水库。长期应用过程中，水库上游护坡及防水涵洞存在破损问题，需对其进行加固处理，同时需对高塔架和人行交通桥进行改造。施工前期，必须严格开展围堰施工和项目导流处理。该项目在非汛期建设施工，经计算，围堰的挡水围高 950.2m，围堰顶高程为 952.31m，堰高和堰顶长分别为 15m 和 138m。该项目围堰施工中采用了土石围堰施工形式，并按照混凝土心墙的形式进行施工，有效提升了围堰施工质量，满足了工程项目建设需要。

2. 技术应用

该项目施工中，对于土石围堰的建设严格按照基础截水槽开挖、土工膜铺设与回填、坝壳料回填、坡面土工膜铺设及黏土培厚的流程进行围堰基础施工。在围堰基础截水槽开挖中，要求底部开挖至岩石，这样才能达到截断河床沙砾料强透水层的目的。施工中，受地下水位高、渗水较大等因素的影响，接水槽开挖难度较大，为提升排水效果，在围堰轴线中部区域还设置了集水坑，要求集水坑低于槽底基础 2~3m，这样才能实现渗水的有效引出。土工膜铺设及回填时，严格按照从右向左、分段铺设、随铺随填的要求进行施工，保证整体挡水效果。在围堰建设达到设计高程后，进行坡面整形处理，该项目坡面整形中，采用从下往上进行坡面铺膜的方式处理，满足了围堰建设需要。为充分发挥围堰的挡水、围水作用，该项目还采用灌浆防渗的方法设置混凝土心墙，按照两排进行防渗灌浆，在两排放渗灌浆孔位置设计中，不仅注重了主排孔与前坝肩、主排孔与副排孔的位置设计，还对副排孔与前坝肩位置进行了系统规划。然后选择稳定性良好、可灌性强、水固效果快的材料进行灌浆施工，有效地提升了围堰结构的完整性、稳定性，提升并保证了围堰的防渗、防冲效果。

三、预应力锚固技术对水利工程施工的影响

随着我国社会主义市场经济的迅猛发展，我国水利工程项目也得到很大发展。预应力锚固技术是一种发展潜力很大的水利水电工程施工技术，在水利施工过程中，预应力锚固

技术的效益十分显著，对水利水电工程的适应面也比较广，不仅不会对原有的建筑物产生影响，还能起到加固、补强的作用，使新建的水利工程的独特功能显示出来。此外，预应力锚固技术还具有对拉力进行传递的特殊有点，预应力锚固技术在国内外都受到了各个部门的重视，因此，取得了十分显著的成果。

（一）预应力锚固技术在水利工程施工中的作用

预应力锚固这一技术可以保证拉应力更好地延伸，而这是其他技术无法比拟的优势，预应力锚固技术回应力种类的差异使结构有很大的差别，主要包括锚孔与锚束两类。锚孔是指放置锚束的一种钻孔，而锚束是预应力作用的基础。锚头应放置在锚孔之外，这样能更好地锁定预应力，而锚束可以起到连接锚头的作用，在这种支撑作用下，可以使基岩更好地承受负荷。预应力锚固技术可以很好地加固水利水电工程建筑物，从而保证建筑物的质量。

预应力锚索施工技术主要是通过分析作业面开挖的距离，以及对爆破试验进行分析才能给予确定，采用木材以及钢管对施工平台进行搭设，通过轻型的钻机进行钻孔处理，确保有 150mm 的孔径。锚索的绑扎、制作等工作程序主要在加工厂进行，安装工作则通过卷扬机以及人工、岛链互相配合。锚墩的预制工作主要在预制场内进行，同时在车间内制作补浆管、阻焊钢垫板、孔口管。采用人工的方式在仓浇筑锚墩送入混凝土。其中采用千斤顶单根循环的方式进行调查预紧张拉的工作，通过锚具进行锚定工作，封孔采用灌浆机处理。

（二）预应力锚索施工的技术要点

预应力锚索施工技术应该根据相关施工规范以及设计文件的相关规定进行施工，通过分析相关施工资料得知，预应力锚索施工技术有如下施工要点：

1.施工准备措施

张拉施工所需要的设备应该以成套的方式做好标定工作，使用标定配套设备时应该按照相关规定进行，确保施工平台的搭设能够满足安全可靠、施工等方面的需求。在进行钻孔工作之前，测量工作人员应该通过分析图纸的规定将锚索孔位放出，同时做好标识工作。

2.锚索的制作、运输以及安装要点

根据设计要求、张拉要求、实际孔深等规定做好下料工作，钢绞线在完成切割工作后通过分析设计图纸的实际需求做好制作绑扎等工作，同时以分根编号的方式进行记录，将止浆环装置进行固定，同时做好进出浆管的标识工作。张拉断在将隔离架进行设置时应该有 1~2m 的距离，把隔离板设置在锚固段的位置，根据设计图纸的实际要求安装止浆环。锚索编制时，隔离架上的钢绞线应该有相互对应的孔位，应尽快完成编制工作中停放钢绞线的工作，避免出现污染情况。采取措施临床保护对外透露的索体，避免锚索出现损伤、

扭转、弯曲等情况。

3. 内锚段的注浆施工

由于内锚段的注浆施工主要是通过压力风水进行冲洗处理，应该将孔内渗水等情况全面排除，并且对封堵装置是否密封以及是否有通畅的管道进行检查。通过试验等方式确定管浆浆液配比的参数，采用精确的方式计算注浆量，水泥浆、水泥砂浆的拌制工作应该通过高速类型的搅拌机，将注浆液缓慢地灌注到注浆管范围内，一旦排气管将进浆以及浆液排出有相同的比重且不存在气泡时则结束注浆施工。完成注浆施工12h后，还应该利用回浆管采取补浆措施，倘若出现渗水情况，则应根据固结灌浆的具体需求做好灌注施工。

4. 锚墩浇筑施工

通常情况下，均是通过立模现浇的方式进行锚墩混凝土的具体施工，现浇锚墩下部位置应该有较为牢靠的支撑，防止整体变形而造成孔口管没有正确的方向，对锚固的效果产生影响。另外，混凝土拌制的要求应该根据相关设计的比例，振捣密实施工应该通过插入式的振捣器进行。锚墩在预制时应该根据预制构件、设计图纸的具体需求做好相关工作。

（三）预应力锚杆施工的技术要点

预应力锚固在水利水电建筑工程项目中占据重要地位，是一项较为特殊的技术，其运用的好坏直接关系着水利水电工程的经济效益。预应力锚固是对预应力岩锚以及混凝土预应力拉锚的一种统称，是预应力不断发展变化的一种新的锚固技术。预应力锚杆技术作为预应力锚固技术的重要表现形式，可以根据水利水电工程的设计要求以及设计的大小、方向以及锚固的深度等，在水利水电工程施工过程中提前向基岩施加一种预应压力，这样可以保证基岩受力条件的优化，从而达到良好的锚固效果。

1. 锚杆钻孔施工

主要是通过多臂钻进行钻孔的施工，钻孔与开挖轮廓面应该处于垂直状态，确保孔位之间有 < 100mm 的偏差，通过分析设计图纸的相关要求确定钻孔的深度，孔深之间应该有 < 50mm 的偏差。

2. 安装水泥药卷的要点

通常在安装水泥药卷之前，分别将缓凝锚固剂以及速凝锚固剂按照一定量浸泡在水中，直到浸泡工作不产生气泡才能停止工作。接着在锚固喷枪枪膛中逐渐放进锚固剂，扣动扳机，根据先速凝后缓凝的安放顺序将水泥药卷锚固剂放进锚杆孔中，安装水泥药卷时，禁止锚杆孔与药卷出现碰撞的情况。

3. 安装锚杆的施工要点

通过多臂钻在孔内插入锚杆杆体，安装锚杆时确保浆液不会出现流出的情况。一旦锚杆杆体与药卷有接触的情况，则应将杆体缓慢地旋转，同时搅拌水泥药卷 45～60s。

4.锚杆张拉施工要点

使用速凝锚固剂的锚固段有明显的强度后，则开始进行张拉锚杆工作，在进行张拉之前首先要在锚杆上套上钢垫板，同时将锚杆以及垫板的角度进行合理调整。如果没有平整的岩面，则应通过水泥砂浆做好找平处理。安装垫板结束套入半球形的钢垫圈，再安装螺帽，通过扭力扳手做好张拉施工，直到与规定数值互相符合后才能停止。

四、BIM 技术对水利水电工程的影响

随着水利水电工程的不断发展，传统的 CAD 二维平面绘图技术已经不能满足如今的水利水电工程发展需求。BIM 技术的出现给建筑行业增添了许多活力，在中国水利水电行业需要走出去的今天，更需要 BIM 技术来提升水利水电工程的整体水平。面对 BIM 技术这个新兴事物，不同的水利水电工程参与者有不同的需求，只有充分了解他们的需求，才能促进 BIM 技术在水利水电工程中的实际应用，从而为水利水电工程 BIM 标准框架的制定提供正确方向。

（一）水利水电工程各参建单位对 BIM 的需求

水利水电工程涉及专业多，而且工程比一般民用建筑物要复杂重要得多，所以需要相应的技术人员来完成相应的工作，按照传统方法进行分类，包括建设方、设计方、监理方、施工方、运营方，在水利水电工程建设过程中，还会受到政府及相关监督管理部门的管控。图 4-1 为项目不同参与方在水利工程建设项目中的参与情况。

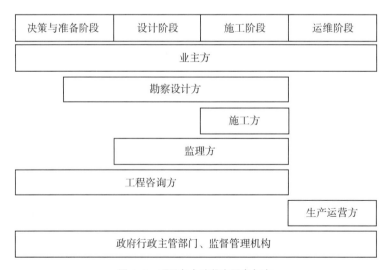

图 4-1 项目各个阶段主要参与方

1.业主方需求与 BIM 应用

在整个水利水电工程建设项目中，业主起主导作用。为了水利水电工程项目在全寿命

周期内有效、高速地运行，业主需要提前对项目的启动、决策和建设目标进行有效管理，首先，业主在水利水电工程项目决策期间应该定义出该水利水电工程项目建设的意义是什么，需要采取哪种建筑形式，该水利工程会给当地人带来什么样的影响，以及怎样控制建设成本、提高管理水平等。

确定水利水电工程建设项目中业主方的需求后，就要考虑如何通过 BIM 技术满足业主的需求。在工程项目中多方参建、多专业信息交换与数据共享是 BIM 技术的核心价值，在工程项目各参与方中，唯有业主方能够确保与项目各参与方之间建立直接或间接的合作或协调关系。在水利水电工程项目决策期间，通过 BIM 技术对工程进行信息建模，以获得工程项目的直观设计方案及成本预算，方便业主方对方案提供者进行协商并提出自己的进一步需求，有利于减少业主方的决策失误；在水利水电工程项目实施期间，业主可以根据 BIM 信息模型得知工程进展情况，工程预期目标是否达成，有利于业主方能实时获知项目进展情况及遇到的问题。因此业主方推广 BIM 技术应用，不仅符合建设项目全寿命周期的 BIM 理念，还有助于业主方加强对建设项目的控制力，为建设项目各参与方提供一个可以协同工作交流的平台。

总体而言，通过 BIM 技术业主方可以加强对项目进展的管控能力、为工程项目参与方提供一个可以协同工作的平台并提高对项目的管理水平。

2. 设计方的需求与 BIM 应用

设计方主要是水利水电工程项目设计方案的提供者，他们根据工程资料和水利工程相关标准制订出可行的水利水电工程技术方案。设计单位应对勘察设计质量控制及投资控制水平进行负责，并与各参建单位紧密配合。

设计方不仅要提供业主满意的设计方案，还要指导施工方施工，并且在工程进展过程中不断对设计方案进行优化。设计单位将 BIM 技术应用于全面自动工程质量控制、对工程项目进行三维建模、碰撞检测、三维模拟分析，可以大大提高工程的质量控制。通过科学的三维信息模型设计，可以降低项目工程成本，为业主节省大量的投资，减少资源浪费。由于传统的水利水电工程设计单位是根据专业等级，由不同工作人员设计出各自专业的图纸，缺乏有效的沟通，容易出现设计上的不协调，通过 BIM 技术共享平台，可以加强不同专业间设计人员的交流，减少因设计出现的问题。BIM 技术的应用，也可以让业主随时发现设计中的不足，对设计单位提出自己的修改意见，避免工程施工时出现反复修改的情况，同时也可以更好地指导施工单位进行施工，将设计成果圆满地呈现出来。总体而言，通过 BIM 技术设计方可以加强各专业间协调能力、给业主提供一个三维直观的设计成果、更好地指导施工单位完成任务。

3. 施工与设备供应方的需求与 BIM 应用

水利水电工程项目的实施者是施工方与设备供应方，其主要目标就是实现设计成果、完成业主对项目的需求。施工单位承载着工程质量最重要的责任，而且工作环境相对艰苦、工作流程复杂、工作强度相对较强，设备供应方的主要任务是按照设计方规定为内容为项目提供必要的设备材料，保证项目能够平稳推进。

施工单位的作用是实现设计单位的设计意图，其方式是首先制订施工方案，根据施工方案努力实现制定目标。但水利水电工程项目的施工往往复杂多变，存在很多不确定性，很难实现施工方案订立的目标，而且设备供应方也极有可能出现设备供应不及时、设备质量不达标等情况，由此导致工程延期，这是传统的施工单位不可避免的问题。随着 BIM 技术在工程中的广泛应用，BIM 在施工阶段带来的效益也越来越明显。首先，在工程施工前，施工单位可根据水利水电工程信息模型观测找出其设计不合理、施工困难的地方，通过与设计单位协商提前解决问题，而且通过对模型的碰撞监测，及时发现空间位置有冲突的地方，做出调整；其次，可以利用 BIM 技术对整个建筑信息模型进行数字化模拟，在施工前模拟出工程施工的过程，水工建筑物工序复杂严苛，各专业交叉进行在施工阶段又普遍存在，通过 BIM 技术对工程进行模拟可以合理安排施工顺序、排查施工安全隐患、优化施工方案。设备供应方也可以根据 BIM 共享平台实时掌握施工进展动态以及材料设备消耗情况，从而及时为工程提供设备和原材料。

总体而言，通过 BIM 技术施工方可以优化施工方案、加强与设计单位及设备供应方沟通、进行碰撞检测试验、施工模拟等；设备供货方通过 BIM 技术可实时掌握施工进展情况、及时提供设备和原材料。

4.监理方的需求与 BIM 应用

监理方在项目工程中主要帮助业主进行项目监管，还可对设计单位、施工单位进行监督，甚至对业主进行监督。水利工程一般对当地居民影响巨大，所以监理方在水利水电工程建设项目中是必须设立的，以保障水利水电工程的质量安全。

由于水利工程项目重要且复杂，监理方必须对设计方、施工方以及设备供应方的项目进展、工程质量以及施工安全进行严格监督。

由于水利工程涵盖专业多，参与单位多，监理单位的工作效率难免会降低，通过 BIM 技术的共享平台，可有效提高监理单位与各参建单位的沟通效率，增加工程建设的透明度。同时，监理单位还应结合国家强制性标准要求，根据 BIM 技术提供的标准提示，监督水利水电工程的设计、施工、材料设备是否满足水利水电类强制性标准规范要求。

总体而言，通过 BIM 技术监理方可以实现对各相关单位进行实时监管、保证各相关单位符合国家相关强制性标准。

5.运营管理方的需求与 BIM 应用

水利水电工程建设后，运营管理方是将水利工程投入运营的主要责任方，其保护和合理运用已建成的水利工程设施，调节水资源，使水利水电工程设施发挥最佳的综合效益是水利工程运营管理方的主要责任。

水利工程运营管理方是水利水电工程建设项目的主要使用者和受益者，继承了水利工程建设的主要成果，水利工程建成后，必须通过有效的管理，才能实现预期的效果和验证设计规划的正确性。生产运营方在 BIM 技术的帮助下可以直接继承工程的建筑信息模型，将其与水利工程的生产运行结合起来。由于水利水电工程信息模型包含整个水工建筑物应有的模型信息，运营方可按照模型信息对水利工程进行管理和检查。在后期，如果需要对水工建筑物信息模型进行修改扩建，可以通过 BIM 共享平台将该水利工程的信息资料提供给新建设项目的设计人员进行参考，避免由于缺少水利工程相关信息而对既有建筑内容造成不利影响。

通过 BIM 技术，运营管理方可以有效利用该水利工程信息模型进行设备更新维护、信息集成管理、改扩建辅助等。

6. 结构分析与施工图设计的统一需求

BIM 技术应用能否成功，在很大程度上取决于其在水利水电工程项目不同阶段、不同专业之间，所产生的模型数据信息在水利水电工程项目全生命周期内能否实现信息交换与信息共享。在大多数水利水电工程结构设计中，对水利水电工程进行结构力学分析和施工图设计是两个不同的过程。传统情况下，结构力学分析往往辅助于施工图设计，用以确定最终的水工建筑物结构构件的尺寸和配筋情况，如图 4-2 所示。

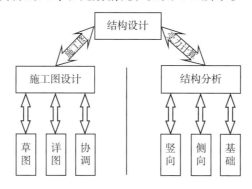

图 4-2 传统的结构设计模式

如果采用 BIM 技术，水电工程结构力学分析和施工图设计就成了一个整体，使得结构力学分析和施工图设计之间可以通过结构 BIM 模型实时共享数据，从而将施工图绘制中可能出现的错、漏以及与标准不协调等现象降到最低，并对结构力学分析结果的判断和检查大有益处，且能减少不必要的重复工作，提高水电工程的设计品质和效率，如图 4-3 所示。

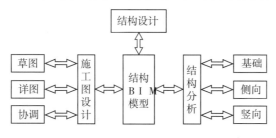

图 4-3 基于 BIM 的结构设计

水电工程项目采用 BIM 技术的主要优势有：

（1）结构工程师在方案设计的初步阶段对设计成果的任何修改信息都可以及时地被绘制施工图纸的建筑师所捕捉。

（2）在水利水电工程整个项目设计团队使得结构设计师与其他专业人员协同设计水利水电工程成为可能。

（3）水利水电工程结构力学设计的最终数据信息可以在不同专业之间进行无损传递和共享资源。

（二）对 BIM 需求的归类

1.水利水电工程建设需求归类

各工程参与方并非需要 BIM 的全部功能，而是仅需其中一个或多个功能。如果将工程各参建单位对 BIM 技术的需求进行分类，可划分为模型检测、协同工作平台、信息集成管理、三维模拟建造、目标动态控制、可视化虚拟展示六个主要功能，图 4-4 为 BIM 技术应用主要功能划分。

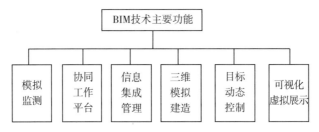

图 4-4　BIM 技术应用主要功能

水利水电工程建设在使用 BIM 技术前，需确立 BIM 技术的使用目的以及适用范围，漫无目的地使用技术不仅不能发挥其应有的作用，还会增加工作量，使 BIM 技术成为鸡肋功能。在项目决策阶段，还应该结合水利工程特点，确立 BIM 技术的使用目的，加强对各参建单位的 BIM 技术培训，而且分析 BIM 技术的使用相比传统施工方法可以做哪些提升，从而更好地发挥 BIM 的功能。

2.水利水电工程需求与技术匹配

对水利水电工程各项目参与方的需求进行分析后，找出了工程各参与方对 BIM 的实际需求和应用功能，在工程项目采用 BIM 技术前还需要对 BIM 进行分析，分析过程可以参考任务—技术匹配理论模型构架，如图 4-5 所示。

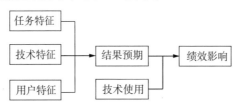

图 4-5　任务—技术匹配理论模型构架

通过任务－技术匹配理论模型构架可以得出这样一个结论：水利水电工程的任务特征、技术特征、用户特征决定了 BIM 技术的结果预期，水利水电工程项目各参与方对 BIM 技术的结果预期和技术使用又决定了绩效影响，将任务和技术相结合，考虑了项目各参与方的预期结果后，就能得出 BIM 技术对水利水电工程绩效影响的程度。

水利工程项目各参与方应首先了解自身特征和任务特性，结合 BIM 技术特点，推断出应用 BIM 技术带来的收益和成果，通过有效使用 BIM 技术，得出利用 BIM 技术后自身获得的绩效影响。应用 BIM 技术获取更多的收益是工程各参与方应用 BIM 技术的动力之源，获取更高的绩效收益、清除 BIM 技术带来的资源节约将促使各个工程参与方积极使用 BIM 技术。

3. 水利水电行业的需求及任务预期结果

结合任务－技术匹配理论模型，并根据水利水电工程不同项目参与方在工程中应用 BIM 技术的需求分类，可以大体弄清各个参与方对于自身采用 BIM 技术后期望得到什么样的结果或者效益。开展进一步 BIM 技术应用的基础是要明确 BIM 技术应用需求及满足需求的预期效果，在水利水电工程中，各个项目主要参与方的需求大约为可视化虚拟展示、三维模拟建造、协同作业平台、目标动态控制、信息集成管理和模拟监测等部分，预期效果效益大约有降低维护成本、沟通效率高、问题预知解决、工作保证或提前、文件档案存储、减免资金浪费等部分。其工程项目各用户对 BIM 技术的需求和预期效果收益对应关系如图 4-6 所示。

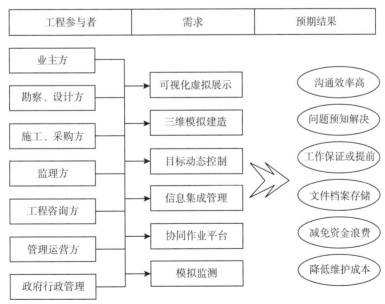

图 4-6　用户需求及预期结果关系

由于每个水利水电工程项目参与者的需求是不同的，可能是一种需求，也可能是多种需求，在实际工程中可能更为多元化，所以不同水利水电工程参与方对于自身使用

BIM 技术后得到的效益及效果也是不同的。如果每个项目参与者都使用 BIM 技术，都通过应用 BIM 技术获得更高的收益，这将为 BIM 技术在水利工程中的推广提供巨大的动力。

第五章

水利水电工程施工组织设计

第一节 施工组织设计的作用与原则

水利水电工程具有较强的综合性，在施工中涉及的知识面较多，例如水文地质、数学、工程力学等，兼具复杂性和多种性的特点。水利水电工程作为国家经济发展的基础建设，加强水利水电工程建设质量无疑是推动国民经济的重要举措。组织设计在整体工程中占有核心地位，科学合理的施工组织设计不仅能够推动工程的顺利开展，也为承包方提供了施工依据。

一、施工组织设计

（一）按阶段编制设计文件

水利水电工程的设计文件，根据工程投资、技术复杂程度和重要性等，分别采用三阶段设计或两阶段设计。大、中型项目，一般采用两阶段设计，即初步设计（或扩大初步设计）和施工图设计。重大项目或特殊项目，在初步设计的基础上，增加技术设计阶段。

初步设计是对批准的设计任务书提出的内容，进行概略计算，在指定的地点、有限的投资额和规定的限期内，对设计项目作出基本的技术决定，同时编制项目的总概算。

技术设计是在初步设计的基础上，进一步进行调查和研究，具体确定初步设计中采取的工艺流程和建筑结构，校正设备的选择和数量，审核建设规模和技术经济指标，并编制修正总概算。

施工图设计是在初步设计或技术设计的基础上，提出可直接指导施工的施工详图，并编制工程预算。预算一般不得突破总概算。对于小型工程，可只编制施工图设计。

划定阶段进行设计，反映了选定设计方案时逐步深化和循序渐进的过程，使设计工作由轮廓到具体，由总体到局部，由粗到细逐步深入地进行。这样既能提高设计质量，保证选定方案在技术上正确可靠，在造价上经济合理，又能减少庞大的设计工作量，加快设计进度，避免设计工作的盲目性，且便于领导机关审批。

（二）施工组织设计的作用、任务和内容

施工组织设计是研究工程施工条件、选择施工方案、指导和组织施工的技术经济文件。它既是工程设计的必要组成部分，又是组织工程施工必不可少的依据。

认真做好施工组织设计，对于合理选择设计方案，做好施工准备工作，加强计划性，建立正常施工秩序，保证工程质量，降低工程造价，经济可靠地完成建设任务，具有重要作用。

1. 施工组织设计的作用

根据编制的阶段、范围和所起作用不同，施工组织设计可分为以下几类：

施工组织总设计是以建设项目或工程项目为施工组织对象编制的。在有了批准的初步设计或扩大初步设计之后编制，是对整个建设工程组织施工的通盘规划，用以指导整个工程的施工活动和整个施工现场的规划布置。

施工组织设计（或施工计划）是以单项工程或单位工程为对象编制的，在有了施工图设计后编制，是在施工组织总设计的控制下，安排单项工程或单位工程的施工进度和施工布置。

施工作业计划（或技术组织措施计划）是施工过程中编制的分部（分项）工程施工组织设计或年度、季度施工计划的实施计划。

2. 施工组织设计的任务

施工组织设计的任务是：从施工角度对建筑物的位置、形式及枢纽布置进行方案比较；选定施工方案并拟定施工方法、施工程序及施工进度；计算工程量及相应需要的建筑材料、施工设备、劳动力及工程投资；进行工地各项业务的组织，确定场地布置和临时设施等。

3. 施工组织设计的内容

施工组织设计在各个阶段尽管深度不同，但内容是基本相同的，主要包括以下几部分：

（1）工程概况。包括工程性质、地点、规模、主要结构、施工特点、主要工程和材料数量、工期要求、工程造价、施工条件等的概述。重点是施工条件资料的分析。

（2）施工导流与截流。根据导流条件确定导流标准和导流流量，选择导流方案和导流建筑物形式及尺寸，截流设计及施工措施和基坑排水等问题。

（3）主体工程施工。根据工程规模和特点，选定主体工程施工程序、施工方法、施工布置和主要施工机械，拟定主体工程的机电设备和金属结构安装方法。

（4）对外交通。根据场内交通运输条件，选定场内外交通运输方案，包括线路标准、场内外交通衔接（如车站、码头、仓库）等。

（5）施工辅助。企业和大型临建工程根据工程任务和要求，拟定主要施工辅助企业（如土石料场、骨料场、混凝土拌和系统、钢筋、木工加工场、预制厂等）和大型临建工程（如导流设施、施工道路、桥涵等）的规模和布置。

（6）施工总体布置。根据工地地形、地貌、枢纽布置和各项临时设施布置的要求，对施工场地进行分区规划，确定分区布置方案，使整个工地形成一个统一的整体。

（7）施工总进度。根据工程规模、导流程序和上级规定的工期要求，拟定整个工程包括准备工程、主体工程和结尾工程的施工进度。

（8）技术及生活物资供应。根据工程规模和施工总进度安排，通过定额分析，对主要工种劳动力、建筑材料、施工机械设备及粮煤等生活物资列出需要量供应计划。

（9）拆迁赔偿移民安置计划。包括拆迁数量、征占土地面积、补偿标准、生活生产安置等。

（10）施工组织领导。提出施工机构、管理方式、隶属关系和人员配备的建议等。

施工组织设计的重点是施工平面布置图、进度计划和施工方案。为了使广大职工易于掌握，一般将施工组织设计成果全部采用图表表达，简单明了，更好地起到指导施工的重要作用。

（三）施工组织设计的编制资料及编制原则

1.施工组织设计所需要的主要资料

在进行施工组织设计前，必须取得工地所在地区正确的勘测资料。勘测工作不仅在设计前进行，在设计和施工阶段也要不断地进行，以满足工程建设过程中对有关资料的进一步要求。水利水电工程施工组织设计所需的主要资料有：

（1）水文气象资料。包括降水、水文、气温、蒸发、风速风向及气压等资料。

（2）地形资料。工地附近几种不同比例的地形图。地形资料要满足施工总体布置的要求。

（3）地质资料。包括工程地质和水文地质资料。需了解当地地质构造、坝址覆盖层深度、岩石性质、倾斜、断层裂隙、溶洞及泉水、地下水等。

（4）当地建筑材料。（土料、石料、砂卵石、水泥掺和料等）的数量、质量、产地等资料。

（5）交通运输资料。包括现有的陆运、水运资料及计划建设线路的资料。

（6）其他有关资料。包括水电供应条件、生活条件及卫生条件、当地工业条件（指能为工程建设服务的生产能力）、当地劳动力及施工队伍条件（含劳动力数量、技术水平及施工设备条件）等。

2.编制原则

水利水电工程施工组织设计必须遵循社会主义建设的方针政策，确保优质、经济、快速地完成施工任务。各阶段施工组织设计的内容和深度有所不同，都应遵循下列基本原则：

（1）保证工程按期并争取提前完工，尽早投入使用，迅速发挥工程效益和投资效益。

（2）根据需要与可能，采取机械化、工业化施工，加速施工进度，提高劳动生产率。

（3）尽可能节约人力、财力、物力，特别是节约三材，尽量利用原建筑、已有的设备和前期建成的永久建筑物，减少临时设施工程，节约投资。尽量减少施工用地，不占或少占农田。

（4）总结推广新技术和先进经验，贯彻施工技术规范、操作规程，采取足够的技术措施，严格管理，确保工程质量。

（5）采用流水作业方法，组织连续、均衡、有节奏地施工。

（6）分清工程主次，既保证重点，也注意配套，合理使用人力、物力，使各期工程重点明确，配套跟上，以便及时投入运转。

（7）充分掌握自然条件，特别是水文条件，科学地安排施工顺序与进度，尽量利用枯水季节施工，并采取充分可靠合理的季节性施工措施，争取全年施工。

（8）创造良好的施工条件，保证施工安全。

二、施工进度计划

（一）施工进度计划的作用和类型

1. 施工进度计划的作用

施工进度计划是施工组织设计的主要组成部分之一。编制施工进度计划的基本任务是：在已定施工方案的基础上，在时间和施工顺序上作出安排，以最少的劳动力、机械和物资，保证在规定工期内完成质量合格的工程任务。具体的就是要合理确定各项工程或其施工过程先后顺序、起止时间及相互衔接和穿插的配合关系，明确各阶段的具体任务和中心环节，确定工地上分阶段劳动力、施工设备设施和物资的需要量及其计划、调配、实施，使施工有准备、有计划、有条不紊地进行，达到减少资源消耗、缩短工期和降低工程造价的目的。

施工进度计划是国家对该工程分年度投资和财务拨款计划的控制依据之一。

2. 施工进度计划的类型

施工进度计划包括以下三类：

（1）总进度计划。施工总进度计划是对一个水利水电工程枢纽编制的，要求定出整个工程中各个单项工程的施工顺序和起止日期，以及主体工程施工前的准备工作、完成后的结尾工作的施工顺序和施工期限。在初步设计的施工总进度计划中，要论证工程施工进度的可行性和合理性，计算并平衡几个主要指标，如施工强度、劳动力、材料和机械设备的需要量、动力消耗、投资分配等，供上级审批用。

（2）扩大单位工程（或单位工程）进度计划。该进度计划是对枢纽中的主要工程项目，如大坝、电站等部分进行编制的。它根据总进度计划中规定的该工程的施工期，确定该扩大单位工程（或单位工程）中各分部工程及准备工作的顺序和起止日期，要进一步从施工技术、施工措施等方面论证该进度的合理性、组织平行流水作业的可行性，研究加快施工进度和降低工程成本的具体方法，还要根据所制订的该进度计划，对总进度计划作必要的调整和修正，并编制各时期需要的物资器材、劳力等技术供应计划。

（3）施工作业计划。在实际施工时，施工单位应根据各单位工程进度计划编制出作业计划，有月计划和句作业计划两种。据此具体安排各工种各工序间（如混凝土工程的立模、扎筋、浇筑、拆模、养护等）的顺序和起止日期，以工程任务单形式下达各级施工组织贯彻执行，以保证总进度计划和扩大单位工程（或单位工程）进度计划的实现。因此，作业计划具有直接指导和实施施工作用。在制订作业计划时，应调配劳力、材料和机械设备，使之与施工现场相适应。

（二）编制施工进度计划的主要原则

（1）认真贯彻国家关于水利水电建设的方针政策，严格执行基本建设程序，遵从国家对该工程规定的施工期限和交付使用的日期，并为争取提前建成创造条件。

（2）保证重点，统筹安排，有效地集中力量，分期分批地打歼灭战。

（3）尽量采用先进技术，努力提高机械化和工厂化施工水平，加快建设速度，及早发挥工程效益和投资效益。

（4）科学、合理地安排施工计划，组织平行流水作业，尽量做到均衡生产，全年施工。

（5）合理安排各项准备工作，保证工程顺利施工。

（6）确保工程质量和安全施工。

（三）施工总进度计划的编制

1. 基本资料的收集和分析

其主要内容有：

（1）上级规定的工期、开工日期、交付运用的时间，其他原则性决定和具体要求。

（2）水文、气象资料及其统计分析结果。

（3）施工地区的地形、地质及水文地质资料。

（4）施工技术供应及生活供应的基本条件，主要包括施工设备、材料、技工和劳动力来源，当地材料、施工动力及生活条件等。

（5）建筑安装工程施工辅助工程的规模、项目和数量。

（6）水利枢纽总平面图及各主要建筑物设计图。

（7）施工现场总平面图。

（8）设计预算定额和施工定额。

（9）各主要工程逐月有效施工天数分析。

2. 施工总进度计划的编制步骤

在充分掌握原始资料的基础上，通常按下列步骤进行施工总进度计划的编制。

（1）列出工程项目。将整个工程的各项工程及单项工程中的各分部分项工程、各项准备工作、辅助设施、结束工作以及其他施工项目等一一列出，对一些次要工程也做必要的归并。然后根据这些项目的先后顺序和相互联系的密切程度，进行综合排队，依次填入进度计划表中。列工程项目时，最重要的是不应漏项。

（2）计算工程量。列出工程项目后，要计算出主要建筑物、次要建筑物、准备工作和辅助设施等的工程量。计算工程量的精确度，应根据设计阶段和设计资料的详细程度而有所区别。如果没有做出各种结构物的详细设计，可以根据类似工程或概算指标估计工程量；如有结构物的设计图纸，则应按图纸的不同部位分别计算。通过计算，既可熟悉图纸，又能发现图纸中的问题，及时解决设计与施工的矛盾。计算工程量通常用列表法进行。

（3）确定施工方案。不同的施工方案会有不同的施工进度。施工方案应在遵从编制施工进度计划的某些原则的基础上，根据工程规模、物资供应、自然条件、施工队伍的实际情况等拟定几种不同的方案，经比较后确定。

（4）初步拟定各项工程进度。在草拟进度时，一定要抓住关键，合理安排，分清主次，互相配合。要特别注意把与洪水有关、受季节性限制较强的或施工技术比较复杂的控制性工程的施工进度安排好。

以拦河坝为主体的水利水电枢纽工程，其关键工程位于河床，故，施工总进度计划的安排应以导流程序为主要线索，将施工导流、围堰截流、基坑排水、坝基开挖、地基处理、坝基灌浆、坝体度汛、水库蓄水和机组发电等关键性控制进度安排好，其他工程穿插配合，即可拟成整个枢纽工程的施工总进度计划草案。

平原地区涵闸工程拟订施工进度计划，一般应遵循以闸室为中心，按照"先深后浅、先高后低、先主后次、穿插进行"的十六字方针安排。

（5）论证施工强度。论证施工强度一般采用工程类比法，即参考类似工程所达到的施工水平，对比工程的施工条件，论证进度计划中所拟定的施工强度是否合理可靠。如果没有类似工程可资对比，则应从施工方法、施工机械的生产能力、施工现场的布置以及施工措施等方面进行论证。

在论证时，不仅要考察各施工期所要求达到的施工强度是否经济合理可行，而且要顾及各时期各种施工要素（劳力、物资消耗等）是否基本均衡。

（6）编制劳动力、材料和机械设备等需要量计划。根据拟订的施工总进度计划和定额指标，计算劳动力、材料和机械设备等的需用量，提出需要量计划。物资部门再据以编制与之相协调的供应计划，以保证所需物资的及时供应。

（7）调整修正。根据施工强度的论证和劳动力等需要量的平衡情况，可以对初拟的施工总进度计划作出评价。如不完善，可反复调整、修正，直至得到一个较合理的、较切合实际的施工进度总计划为止，并以其指导施工。

在初步设计阶段施工总进度计划批准后，在技术设计阶段，还要结合单项工程或扩大单位工程进度计划的编制，以此来修正总进度计划。在施工过程中，再根据施工条件的变化，进行调整和修正。

由此可见，施工进度计划的编制是根据设计的不同阶段，结合施工实际情况由轮廓到具体、由粗到细逐步深化的过程。

三、施工总体布置

（一）施工总体布置的内容和设计原则

施工总体布置用以正确处理全工地在施工期所需各项设施和永久建筑之间的空间关系，使之达到顺利、安全、经济施工的目的。施工总体布置成果标在一定比例尺的地形图上，称为施工总体布置图或施工总平面图，它是施工组织设计的重要组成部分。

1. 施工总体布置的内容

施工总平面图一般包括以下几方面内容：

（1）一切已有和拟建的建筑物及其他设施平面图。

（2）一切为施工服务的临时性建筑物和临时设施的平面示意图，如导流建筑物、运输系统、混凝土制备系统、施工辅助企业、水电和动力供应系统、生产和生活所需的房屋、安全、防火设施等。

（3）永久性及半永久性坐标的位置。根据工程的大小和复杂程度，除了整个场地的施工总平面图外，有时还绘制服务于单位工程（如坝体施工、水闸施工、基坑开挖、拌和站、骨料加工厂等）的施工场地布置图。工期较长的大型水利工程，一般还须分期编制施工布置图，以适应各时期施工的需要。

施工总平面图的比例尺，一般采用 1∶2000～1∶150；单位工程的采用 1∶1500～1∶1000。

2. 施工总体布置设计的原则

施工总体布置设计时应考虑下列基本原则：

（1）合理使用场地。总体布置设计时尽量少占农田，布置紧凑但又不过分拥挤；运输距离短；尽量一次布置，少变动；临时工程的建筑物和设施尽量与永久性建筑物结合使用（如管理单位的房屋、仓库等）。

（2）临时设施的布置，必须与工程施工的顺序和施工方法相适应，并不得妨碍永久性建筑物的施工。

（3）确保施工、防火、防洪安全。工地内部运输线路须尽量避免与交通干线交叉，工地房屋的间距须符合防火安全的要求，危险品仓库应布置在偏僻地点，各项临时建筑物均应布置在洪水位以上。生活区应安排在卫生条件良好的地点，应在施工现场外，但又不能太远。

（4）有利生产，便于管理。临时建筑与设施，以分区布置分宜。相互关系较密切的辅助企业和设施，可集中布置。

（二）施工总体布置的步骤

1. 场地面积的估算

由工程量估算材料量，由材料量估算堆料场所需的面积。

由施工强度估算各加工厂（场）需要的生产能力，进而估算出各辅助企业所需的建筑和场地面积。

由工人、干部人数估算临时房屋的面积。

2. 研究总体布置方案

根据施工条件、导流方案、进度要求、施工顺序和施工方法，研究总体布置方案。在研究方案时要综合考虑：料场布置（在一岸还是两岸），料场与骨料开采和加工系统的联系、生产系统的布置（如拌和站、骨料和混凝土的运输等），如何分区（如堆土区，砂石、混凝土系统、钢木加工场、行政、生活区等），场内外交通的衔接等。

3. 具体布置步骤

在标有拟建建筑物位置的地形图上，按比例布置：

确定场外交通码头（水运）、车站（公路、铁路）的位置后，布置场内的交通干线。

沿场内交通干线确定土石料开采区、堆土区、弃土区、砂石料堆放区、混凝土生产运输系统、辅助企业和仓库设施等的位置。

布置行政、生活福利等临时设施。

确定供水、动力系统的位置。

综合平衡、反复修正布置方案。

事先将各临时设施等估算的场地面积，根据初拟的布置方案，结合地形，按比例剪成相应形状的纸片，在地形图上摆布，反复调整。调整时要综合体现总体布置的设计原则。

（三）具体布置方法

对山区的混凝土坝工程及其他工程来说，其特点是场地狭窄、工程量大、辅助企业等临时设施较多，具体布置时，应根据该工程的施工特点和地形、物资、设备条件等因素，予以考虑。

砂、石、混凝土生产系统：当上游有较多砂石料时，在坝体浇筑到度汛高程以前，应将砂石料场和拌和系统临时布置在上游，并将其他砂石料抢运到下游永久性砂石料场，再设永久拌和系统；在砂石料开采场和拌和系统之间布置筛分系统；拌和系统要结合地形，尽量布置在山坡或台地上。

辅助企业系统：靠近大坝施工现场，先布置金属结构、施工设备安装场、混凝土预制场等，接着是木工厂、钢筋场、材料库和修配厂、汽车市场等；沥青加工场、油库、炸药库要远离施工现场，最好设置在山冲内。辅助企业一般布置在河滩的台地上，高程要在防洪水位以上。

行政、生活福利区：在上述两大系统优先布置的基础上进行布置，在靠近施工现场处可布置行政管理机关，生活区、商业区可距现场远些，学校、医院要远离工地。行政、生活区一般布置在台地、山坡或山冲处，要提前建造永久性的水库管理机构房屋和住房，结合使用，以少建临时房屋。

动力系统、供水、排水系统：变电站和临时发电厂，要尽量靠近用电中心，以减少输电线路和输电损失，供水和排水系统应根据工程情况分别设置。对平原地区水闸工程来说，砂石料等大宗材料常以水运为主，故应优先沿施工现场的河道码头附近，利用地形（如堤后、滩地等）布置砂石料场，在现场布置拌和站和水泥仓库。在闸塘两岸布置宽为5～10m的场内交通干道，在干道线以外布置堆土区和弃土区。辅助企业系统（如木工厂、钢筋场等）应靠近施工现场。拌和站根据砂石料来料方向以及浇筑重心，可布置在岸边地面、闸塘半坡或上下游围堰堰顶或半坡上。

第二节　施工组织设计的分类与内容

随着我国越来越重视基础设施建设，水利工程建设逐渐增多。作为一项复杂的系统化工程，水利工程的施工周期普遍较长，并且并不仅局限在一个单位中，还涉及很多其他的部门与单位，这为水利工程的施工带来了难度。基于此，要求有关人员在水利工程施工前期做好组织工作，并且要充分地利用现今的科学技术对工程进行优化，使得各类资源能够在水利工程施工过程中得到优化配置，已达到在确保施工质量的同时缩短工期和提高效率的目的。

一、水利工程及其施工组织设计的特点

与其他工程施工不同，水利工程施工具有其独有的特点。

首先，水利工程的施工环境大多在大小河流上，这就意味着施工环境相比于其他工程更加复杂，在河流上游进行的水利工程设计直接关系着下游人民群众的生命财产安全，这就对水利工程的质量提出了更为严苛的要求，确保质量尤为重要。

其次，河流往往流经多个区域，这就导致水利工程的建设会对多个区域的经济利益造成影响，这也为水利工程的设计建造带来了难度。

再次，因为水利工程大多修建在野外，交通不便和人烟稀少就是比较常见的问题，这就要求施工团队在施工前先修建一些如公路等的基础设施，从而保证工作平稳有效地开展，为兴建水利工程打下牢固的基础。

最后，因为水利工程是一项非常复杂与严谨的工程，在施工过程中并不仅仅依靠一个部门，而是涉及多个部门和单位联合作业，这就导致施工现场有大量的人员进行作业，容易引起混乱和对施工造成一定程度的干扰，基于此，有关部门要对现场的人员进行合理

的规划，使得现场资源和人力能够得到优化配置，并提高效率，以确保施工井然有序地进行。

二、水利工程组织设计的分类

（一）按照投标前后进行分类

水利工程施工组织设计在投标之前的设计叫作坐标前设计，在投标之后的设计叫坐标后设计。标前设计的目的是中标与签约，在投标书编制之前管理者为了能够拿到工程中标而进行的设计，目的就是获得经济利益。在中标后，特别是签约后，企业要在项目开工之前进行施工设计，以确保工程从一开始的准备到最后的验收都保持高的效率和能够应对施工过程中出现的问题，保质保量地完成任务。

（二）按照工程的对象进行分类

按照工程的对象，水利工程施工组织设计可以划分为施工组织总设计、单位工程的施工组织设计以及分部工程施工组织设计三部分。施工组织总设计是指对整个水利工程的施工项目，包括对整个项目的基本情况，在施工中要进行的各项安排以及对施工方案的进程安排等整个项目需要的各类物资需求资金需求的供应进行设计。单位工程施工设计相比于施工组织总设计更加关注的是单位工程，针对单位工程的大概情况、单位工程施工的方案以及单位工程的具体进度进行相应安排和提供技术保障。分部工程施工组织设计针对的是在施工中采用的新技术和新材料。还关注施工过程中的薄弱环节，针对薄弱环节进行特别的施工设计。

三、水利工程施工组织设计的重点内容

（一）施工方案选择

在水利工程施工组织设计中，最重要的一点就是施工方案的选择，施工方案的选择关乎着整个工程是否能够平稳运行。在施工方案设计过程中，应该考虑的是在技术上是否有可行性，还应该兼顾经济性。进行施工方案选择的主要目的是确保工程在施工建设过程中的施工工艺及顺序，确保可以连续不间断地进行工程施工，并且在保证质量的同时在短时间内完成工程。保证低成本、高质量并且可以顺利地通过验收。

1. 水利工程施工方案的选择准则

确保工程质量和施工安全。有利于缩短工期、减少辅助工程量及施工附加工作量，降低施工成本。充分考虑各分部分项工程的主要施工方法；工程投入的主要施工机械设备情况、主要施工机械进场计划；劳动力安排计划；确保工程质量的技术组织措施；确保安全生产的技术组织措施；确保文明施工的技术组织措施；确保工期的技术组织措施。工程开工前，编制详细的施工区和生活区的环境保护措施计划，报监理工程师审批后实施。根据具体的施工计划制定出与工程同步的防止施工环境污染的措施，认真做好施工区和生活营

地的环境保护工作，防止水利工程施工造成施工区附近地区的环境污染和破坏。施工调度部、试验室及职业健康环境安全部全面负责施工区及生活区的环境监测和保护工作，接受监理工程师的指导。

2. 水利工程施工方案的选择方法

（1）灵敏值分析法。在工程评估和决策选择时，较为常用的一个方法是灵敏值分析法，该方法可以对某一个或某几个因素变化对目标的影响进行客观的分析。该方法通过对水利工程施工的时间跨度、投入经费、现场设备和施工人员等因素对工程本身的灵敏度进行分析，从而得出一个较为优化的施工方案。水利工程施工中进行灵敏值分析方法，有很多优点，同时，也存在缺点。需要人工根据多个实验或数据模拟绘图和分析来实现分析对象参数的优化，这种方法不仅烦琐、冗杂、耗时，而且耗费人力，当同时有多个施工项目方案可供选择时，效率极其低下。灵敏值分析法是人工根据自己工作经验对分析对象的灵敏值进行感知，并没有切实可靠的依据，也没有统一的分析标准和评价原则，因此，分析获得的数据带有很强的主观性。在水利工程施工过程中，如果对施工周期和施工费用产生影响，且其他条件都不发生变化，就无法确定详细的方案，虽然最终的方案有所优化，但仍然存在很多局限性。

（2）模糊因素决策法。模糊因素决策法是对水利工程施工中模糊因素进行分析选定施工方案的一个重要方法。该方法的决定空间是离散性的，它的选择空间较大，可以对已知的和未知的多种因素进行分析和选择，并在此基础上对工程施工因素进行综合评价，最终决定水利工程施工方案的选择。该方法既可以对工程施工过程中的定性因素和定量因素进行分析，也可以对随机因素和模糊因素进行分析；所涉及的数据可以是精确的，也可以是模糊的。因此，该方法具有其他水利工程施工方案选择方法所缺乏的优越性，在具体施工方案选择中，我们可以深入研究模糊因素决策法，对水利工程施工方案进行优选。

（3）层级目标优化法。层级目标优化方法，是针对不同目标进行水利工程施工方案的选择，该方法在方案选择时，要实现不同的目标达到最优，该方法涉及数学模型的建立，是用数学思维的方法进行方案的选择，该方法需要决策者具备较高的专业素质。对于水利工程施工方案的选择而言，各项变量因素和工程目标二者存在是离散的——相应的关系，不存在绝对的连续的变量关系。因此，要设定层级化的多个目标，并对各项变量因素和层级化的工程目标进行变量关系的分析，并给各级目标设定重要性系数，建立连续性的数学模型，并应用到具体的工程实施方案中。最后，对于优化结果进行数据化整理，并结合工程本身特点进行方案的敲定和选择。层级化目标优化方法避免了灵敏值分析法的人工优选的弊端，减少了人力消耗，提高了工作效率，为水利工程施工方案的选择提供了一套可以参考的科学的指标和准则。

3.水利工程施工的注意事项

适应工程所在地的施工条件，符合设计要求，生产能力满足施工强度要求；设备性能机动、灵活、高效、能耗低、运行安全可靠，符合环境保护要求；应按各单项工程工作面、施工强度、施工方法进行设备配套选择；有利于人员和设备的调动，减少资源浪费；设备通用性强，能在工程项目中持续使用；设备购置及运行费用较低，易于获得零配件，便于维修、保养、管理和调度；新型施工设备宜成套应用于工程，单一施工设备应用时，应与现有施工设备生产率相适应；在设备选择配套的基础上，施工作业人员应按工作面、工作班制、施工方法以混合工种结合国内平均先进水平进行劳动力优化组合设计。

（二）对施工进度进行规划

施工进度计划是指从施工准备工作开始到最后验收为止的整个施工期内，所有的工程项目组成的枢纽布置中的每个单项工作施工程序和施工速度之间的关系。在编订施工进度计划后就要落实，并且要定期地对工程的进度进行查看，做到心中有数，如果当前的施工进度远落后于制定的施工进度，那么就要查明原因，然后根据原因制订计划来提高效率赶进度，如果进度无法追赶，则及时地调整施工进度规划，使其更加符合实际情况。只有这样，才能有效地提高各项资源的使用效率，降低成本、提高经济效益、缩短工期。

1.施工进度计划

（1）总体施工顺序。施工进场→现场测量→深化图纸→施工方案深化→执行措施→湖泊清基及开挖→地基碾压夯实→黏土垫层→防水毯→细砂垫层→卵石护底→格宾石笼、雷诺护垫→管道工程→植草工程→清理初验→复检调整→竣工验收→项目交接。

（2）施工进度计划控制图。由总控计划编制相应施工计划。根据总控计划制订月/旬计划，由月/旬计划制订周计划，再由周计划制订日计划，层层落实总控计划。

由各类计划保证总控计划的实现。形成以日计划保证周计划，周计划保证旬计划，旬计划保证月计划，月计划保证总控计划的计划保证体系。

计划实施过程中进行动态消项管理，检查和发现计划中的偏差，并及时调整和纠正，避免影响月计划、阶段计划，进而影响总控计划。

切实落实配套计划的实施，保证施工计划的进展和实现。

对各专业进行计划协调，避免工序、技术、作业面等矛盾而影响计划的实施。

对计划进行严格管理，建立相应奖惩制度，切实保证计划的实施效果。

在施工过程中随时听取业主、监理公司对工程进度的意见和建议，并积极做出相应的调整，保持与工程整体安排部署及业主、监理公司的步调统一。

为保证总控计划的实施，应制订以下配套计划：材料、设备送审、订货、进场计划；施工机具使用计划；劳动力使用计划；加工件的加工计划；调试计划；验收计划；培训计划。

2.进度计划的管理系统

进度计划的控制和实施进度计划的控制图。

进度计划的控制。

进度计划编制是依据设计图和总工期要求，综合工程实际情况，遵循进度计划的有关规则形成的，它只是进度计划综合平衡的静态平衡。

施工进度计划的实施是动态的，随着施工进展的外部环境及条件不断发生变化，势必对工程项目本身产生影响，致使进度计划体系从平衡变为不平衡状态。这就要求实施进度计划的部门及人员不断深入现场，调查研究，掌握情况，运用统计分析等方法，找出实际完成情况与进度计划指标的差异，分析原因，采取措施，加强生产调度，及时调整进度计划，在动态中求平衡。

当进度计划指标可行而外部条件不落实时，就要组织项目经理部及相关部门积极创造相应条件；当某一进度计划指标有潜力可挖时，就要及时调整该指标，使施工资源得到更大的利用或使已投入施工的有限资源充分发挥更大的效益。

进度计划控制的保证措施。

项目经理部要动员相关职能部门参与进度计划的编制并集中深入讨论，以明确施工目标及达成施工目标应做的工作。

在施工过程中，根据施工工序的要求，往往会出现一些新的施工项目，而这些新项目的时间性要求很强，如不迅速投放施工，将影响工程的进展。因此，作为项目经理部及时下达施工任务单能发挥短平快的作用。施工任务单明确施工项目、责任单位及完成时间，一般由部门负责人签发。施工任务单是施工进度计划的辅助形式，具有施工进度计划的同等效力。

项目部将某一进度计划期限内完成的施工项目列出清单，明确每一施工项目进度目标、完成时间、质量要求及奖励标准，并形成正式文件下发分专业队伍执行。各专业队伍逐一完成施工项目时，可向项目部提出书面验收申请，项目部组织有关部门进行验收。对于符合要求并经签认后，可以给予奖励，对于表现突出的还可以通报表彰，对于不按期完成施工任务，且工作拖沓松懈的专业队伍进行处罚，对施工严重滞后的，要给予相应的严厉处罚措施。

"方案先行，样板引路"是施工管理的本色，工程将按照方案编制计划，制定详细的、有针对性的和可操作性强的专项施工方案，从而实现在管理层和操作层对施工工艺、质量标准的熟悉和掌握，使工程有条不紊地按期保质完成。

在施工进度计划实施过程中，对于进度计划指标完成情况，工程进度情况，要定期进行工程进度分析，其主要内容有：进度计划指标完成情况，是否影响工期目标，劳动力和机械设备投入是否按进度计划进行，是否满足施工进度需要，材料及设备供应是否按进度计划进行，有无停工待料现象；试验和检验是否及时进行，检测资料是否及时签认；施工进度款是否按期支付，建设资金是否落实，此外，施工图的发放、工程量的增减及气候条件也要详细分析。通过工程进度分析，总结经验，暴露问题，找出原因，采取措施，确保施工进度的顺利进行。

（三）利用互联网技术施工管理

在现代大型水利工程施工过程中，对科学技术的依赖程度越来越强，传统的依靠经验与手工计算越来越不适应现今的水利工程施工设计，利用互联网技术进行水利工程施工设计是发展的必然趋势，利用互联网技术，可以瞬间计算出所需要的各类参数，并且能够实现各类网图的自动绘制与动态修改。特别是在一些大型的、复杂的水利工程施工中，更能体现计算机网络技术的快捷、高效以及费用低的优势，因此，在进行水利工程施工设计时应该积极地运用互联网技术来进行施工组织以及管理方面的工作，特别是在网络优化与调整工作方面。

1. 基于"互联网＋智慧水利"的水利工程应用影响

基于"互联网＋智慧水利"的水利工程具有较为重要的应用影响，主要体现在以下几个方面。

（1）提升了水文数据服务能力。我国拥有较为丰富的水利资源，尤其是在社会经济高速发展的当下，无论是地下水监测站，还是水质站，或是报信站数量都日益增多，数据监测设备也逐渐提升了自动化水平，播报频率有所增长，充分发挥了现代科学技术，淘汰了落后的监测手段，常见的有雷达技术、遥感技术等。正是在先进科学技术的应用下，水文数据量越来越多，数据体积日益庞大，数据种类更加丰富。相较于传统技术手段来说，先进的科学技术能够提高数据资源利用率，加强对数据资源的管理，创建完善的数据库，实现数据资源共享。云计算技术、大数据技术的应用，给水利工程施工现场管理提供了重要的技术保障，能够有效处理大容量储存环境，充分挖掘各类数据信息的应用价值，为水利工程施工奠定了扎实基础。

（2）改变了传统的水文模式，提升了运行效率。基于"互联网＋智慧水利"的水利工程运行效率得到大大提升，其运行质量也有所保障，突破了传统的水文模式，开始采用分布式水文模式，有利于相关人员充分掌握水文状况，并对其进行实时描述。可逐步分化流域单元，充分发挥云计算技术、互联网技术的作用，提高计算的准确性和效率，可减少模拟成本，做好洪水预报、水资源评估等工作，也有利于及时发现污染物。

（3）有利于积极应对突发的地质灾害。在信息技术的支持下，可实现水利资源共享，所采集的相关数据能够在各部门之间流通，水文部门、环保部门、人防部门之间的协作能力有所加强，可有效把控终端设备，做好监控工作，及时掌握最新信息，为防火、防灾工作提供可靠的预警信息。与此同时，还能在互联网技术的支持下，进行视频会议，保证网络通信的畅通性，及时进行预警并做出科学分析。可建立健全的洪水预报系统，设立专家库，获取重大危险源信息，以此来保障水利工程相关决策的准确性，减少突发事件的发生概率，保障水利工程的可持续发展，提高水利工程施工现场的安全系数，从而提高水利工程施工质量，确保其能够按时完工。

2. 基于"互联网＋智慧水利"的水利工程施工现场管理应用

（1）构建管理平台，优化设计总体框架。在水利工程施工过程中，应当重视水利工程施工现场管理工作，要充分发挥互联网技术作用，构建科学的施工现场管理互联网平台，将其作为施工现场管理中各个项目的监控中心，确保各个业务系统的正常运行。通过施工现场管理互联网平台，能够实现信息数据采集的自动化，获取完整的视频，记录施工轨迹，收集各项相关数据，并对这些信息数据进行全面分析，自动生成监测数据报表。

在构建施工现场管理互联网平台过程中，应当引入先进的前端设备，提升施工现场管理工作的信息化水平。此平台具体包含以下系统：

一是劳务实名制一卡通系统，主要负责登记所有水利工程施工相关人员的名称，发放一卡通，采集和读取所有相关数据。

二是特种设备监测系统，其作用在于对水利工程施工过程中的特种设备进行有效的管理，确保特种设备的正常运行。

三是环境监测系统，主要负责监测水利工程施工现场环境的各项要素。

四是物料计数系统，其功能在于管理水利工程所需要的各类材料。

五是安全质量管理系统，顾名思义，主要负责管理现场施工的安全。

六是移动终端 APP 管理系统，便于水利工程施工现场管理工作的开展。水利工程施工现场管理互联网平台的构建，需要大数据技术的支持，应当有效融入移动互联网计数，不断地创新云服务，将这些技术中的系统数据联结在一起，以便实现水利工程现场施工管理的智能化，提高其网络化水平。

除此之外，还应当科学设计施工现场管理平台应用总体框架。基于互联网，打造智慧水利，构建信息化平台，需要优化设计应用总体框架，要合理区分各层应用组成部分，与此同时，还要科学划分应用职能。

管理平台的应用总体框架，可设计为以下几个层次：

一是用户层。这部分主要涵盖技术管理人员、安全管理人员、设备管理人员、质量管理人员、材料管理人员、项目经理和总工。

二是应用层。这部分主要包含上述所说的各项系统，如安全质量管理系统、环境监测系统、移动终端 APP 管理系统等。

三是支撑层。这部分主要是指中间件，包括但不限于数据储存、互联网等中间件。

四是传输层。主要涵盖温度数据采集器、特种设备黑匣子、移动手机等。

五是感知层。由不同类型的传感器组成，如温度传感器、角度传感器、幅度传感器等。

（2）"互联网＋智慧水利"平台的具体应用。在水利工程施工过程中，通过构建"互联网＋智慧水利"平台来进行施工现场管理工作，需要注意以下几点。

①实行劳务实名制，采用一卡通的形式对所有施工相关人员进行管理。比如，为规范管理水利工程施工现场秩序，避免闲杂人等进入，应当为每一个施工人员配备一张门禁卡。门禁卡不仅是施工人员出入境的依据，还包含施工人员签到、就餐、访客等数据，有利于对施工人员进行考勤检查，开展巡检工作，有效监控施工人员的各项行为，及时发现违规行为。除此之外，实施劳务实名制之后，管理人员为施工人员发放工资的时候，有了考勤依据，也能够贯彻落实工资支付台账工作的开展，尽量避免劳务纠纷的出现。施工人员应当和工程方签订劳务合同，参与岗前培训活动，留存施工人员的影像，为施工人员建立员工档案，然后为员工注册 IC 卡，发放到个人，需把施工人员的档案信息填入考勤设备中，每一个施工人员每天都要刷卡记录考勤情况。可直接通过系统来查询施工人员的考勤记录，并拍摄照片。

②加强特种设备监管工作。由于水利工程施工涉及多个专业项目，需要使用不同类型的机械设备，应当对其进行有效的管理，尤其要针对特种设备开展高效的监管工作。传统的特种设备监管模式，并不能取得较好的监管成果，而现代科学技术的融入，则能够改善这一状况。比如，可于水利工程施工现场管理互联网平台中，设计塔吊运行监控系统。在塔吊驾驶室内安装制动控制黑塔子，增设角度传感器、倾斜传感器，利用无线通信技术来进行数据传输，于地面进行远程监控，以全面掌握塔吊运行状态，避免塔吊出现倾斜状况，防止碰撞事故的发生，监管人员应当实时监测风速。与此同时，还应当创建完善的物料管理计数系统，以便于加强对施工物料的管理。施工物料的质量直接影响水利工程的施工质量，施工物料的使用数量，则关系着水利工程的施工成本，因此，相关人员需要对其进行有效管理，在保障质量的前提下，尽量减少物料成本，杜绝物料浪费。物料管理人员可以利用智能技术终端对所有施工物料进行拍摄，然后输入系统中进行自动化计数统计，这有利于提高物料管理人员的工作效率，支持人工修正技术结果。物料工作人员确定计数统计无误后，要将所有数据信息传输至施工现场管理互联网平台，主管人员需要根据照片、物料验收记录进行监督管理，避免虚报、错报情况的发生。

③充分利用互联网系统来实施质量安全监控工作。水利工程施工中的每一个环节，都会对最终的施工质量产生影响，需要进行有效管理，与此同时，还要规避安全事故的发生，提高施工现场的安全性。比如，在进行大体积混凝土施工的时候，可以在大体积混凝土试点位置安装温度传感器，创建无线测温系统，以便于采集大体积混凝土的温度信息，

可利用无线中间继电器、GPRS 服务器，来传输所采集的温度信息，做好数据采集和整理工作，实现监管目标。与此同时，还应当在进行高大支撑模板施工的时候，创建相应的监控系统，利用智能采集仪器、前端采集器，发挥监控软件的作用，以全面掌握高大支撑模板的沉降情况，检测其是否存在支架变形问题，通过危险预警和超限预警，来保障高大支撑模板施工安全。与此同时，还应当做好环境监测工作。为贯彻落实我国环境保护政策，在进行水利工程施工的时候，需注意环保问题，尽量减少对自然环境造成的污染，处理好施工和环境保护之间的关系，提高水利工程的生态效益。基于此，应当创建健全的环境监测系统，利用科学技术和设备，有效监测水利工程施工中的扬尘和污水排放状况，有效控制施工噪声污染。可根据水利工程施工现场的实际面积，来合理装置扬尘自动监测仪、噪声自动检测仪，以便于有效监测施工现场的实际污染情况，实现自动化监控，采集相关数据信息。可利用无线网络技术，将污染数据传输至施工现场管理互联网平台，根据采集的数据来绘制相应的变化曲线图，以实现对施工现场的全面监控。

④有效利用移动互联网手机 APP。在水利工程施工现场管理过程中，应当充分发挥移动终端的作用，使用智能手机 APP 来开展管理工作。这种方式更符合时代发展趋势，顺应了科学技术发展潮流。例如，可研发施工现场安全管理手机软件，直接利用软件来开展有效的施工安全监控工作。其优势主要体现在两个方面：一方面，手机作为移动端，其没有时间、空间上的限制，能够随时将安全隐患上报到系统中，每一个人都可以通过手机软件参与到施工现场安全管理工作中；另一方面，能够实时跟踪施工现场中的安全隐患，进行定期、定点巡检工作，而且软件中所采集的数据能够进行动态化分析，以全面掌握施工现场的实际情况。另外，在手机工地安全软件中还设有安全隐患处理模式，指的是当施工人员或是安全管理人员，发现施工现场存在安全隐患后，可将其拍照上传到手机软件中，并用文字进行相应描述，然后由专业的安全管理人员来确认，其需要判断是否为安全隐患，若是安全隐患，则进行类型划分，并做好分级工作，将此信息上报给相关施工单位负责人。负责人在收到上传的安全隐患信息之后，需要派遣专员去实地进行处理，并做好视频、图片、文字记录，同样要上传到手机软件中。完成处理工作之后，监理人员、安全员到现场复检，并上传结果。

第三节　水利水电工程施工准备工作

做好水利工程施工中的前期准备工作十分重要，它是保证施工有序开展的基本条件，贯穿于水利工程始终。随着施工建设的逐渐开展，需要科学地划分阶段施工作业，做好有关准备工作。为了确保水利工程顺利进行，一定要做好施工前期准备工作。实际上，施工准备工作是水利施工管理的重要组成部分，是对拟建工程目标、资源供应和施工方案的选择以及空间布置、时间排列等诸方面进行的施工决策。基于此，相关主体须给予水利工程施工中前期准备工作高度重视，通过多元化手段，使其全面发挥出存在的实效性，为我国水利事业健康发展奠定基础。

一、做好水利工程施工中前期准备工作的重要性

对于水利工程来讲，加强施工前期准备工作十分重要，其不但是保证水利工程施工进度的基本条件，还是保证施工质量的根本要素。在水利工程施工过程中，前期准备环节的主要任务便是工程施工思想的拟建，准备好水利工程施工所需的施工材料与施工技术，从工程整体方面科学地安排施工场地。前期准备阶段是施工企业对施工项目进行有效管理，促进技术经济承包的有利条件。另外，前期准备工作还是确保水利工程设备安装与施工的主要依据。因此，加强施工前期准备工作可以有效发挥施工单位的优势、加快施工进程、合理应用材料、增强施工工程整体质量、减少施工费用、提高工程整体效益等，有助于施工企业提升市场竞争力。基于水利工程施工自身所具备的特点，充分地体现出工程前期准备工作的优劣同水利工程整体有莫大联系，而且会影响工程整体质量。

经实践证明，只有做好水利施工中的前期准备工作，水利工程施工才能顺利进行，确保工程施工进度与施工质量；反之，实际施工中可能会发生很多突发事件，影响水利工程施工进度，导致整体质量受到影响。基于此，相关主体一定要做好水利工程施工中的前期准备工作。

二、做好水利工程施工中前期准备工作的关键点

（一）充分掌握质量控制的技术

事先布设质量控制点在施工环节的质量依据主要有以下三种：

一是工程合同。该文件内规定水利工程设计的参与方需在质量控制中承担对应的义务与责任，明确了施工单位的质量标准。

二是设计文件。此文件规定施工单位需要履负的责任，一般来讲，施工部门都是依据施工图施工的，因此说施工图设计十分重要。

三是相关部门发布与工程质量相关的法律法规。它对水利工程施工做出相应规定，施工部门要严格按照规定施工。在具体施工中还需注重质量控制点布设。质量控制点是对水利工程建设中质量控制对象展开的质量控制。

因此，在质控点布设时要选择工程重点监控的位置、施工较薄弱的环节以及工程最关键的位置。在布设前需对施工质量问题的成因进行全面分析，之后结合分析的结果对施工质量进行监管与控制。需在施工前结合工程需求，列表统计施工监控点，在表内将控制点的名称明确列出，指出需要控制的工作内容。

（二）施工计划编制或是施工组织设计

在水利工程施工中需开展施工组织设计工作。在施工组织设计中通常包含施工设备、施工布置、施工条件、施工进度等。正常情况下，设计施工时需满足以下几项要求：一是需满足国家技术标准及国家制定的相关规定；二是全面掌握施工中的重难点，使施工单位在施工中有较强的目的性与针对性；三是确保施工计划的可行性，可以实现预期目标，满足相关标准；四是确保设计方案的先进性，顺应时代发展，满足当下需求。

（三）施工场地的准备工作

施工单位在正式施工前一定要同监理部门协作，对施工单位给定的标高与基准点等测量控制要求开展复测工作，构建工程测量控制系统，记录好复测结果。若是业主提供的现场检测结果不满足相关标准，需把其不达标的地方记录下来，便于之后进行索赔。

（四）材料、构件的购入与制作

施工单位负责购入或是制作施工原材料、构件等，需在购入前向监理单位提出申报，相关人员结合施工图纸对所需原材料进行审批，通过之后才能购入。为了确保原材料的质量满足相关标准，一定要在正规厂家购买，且需要厂家提供相关文件，要求厂家确保施工中原材料的供给进度。

（五）施工设备的配置

施工部门在选取施工设备时不但要考虑施工设备的工作效率、经济效益以及技术功能等，还需对施工设备配置数量是否同施工主体所需的数量一致进行分析，且要有安全施工许可，如此才能确保水利工程施工质量与进度。

（六）施工图纸校核与设计

交底施工部门在施工前一定要做好技术交底工作，如此可以全面掌握设计施工原则与质量要求。另外，需做好施工图纸校核工作。在参与设计交底工作时需了解以下几点内容：一是掌握施工现场与周边的地质与自然气候，为后期施工做准备；二是掌握建设部门设计中所应用的规范及设计过程中所提的材料市场供应现状；三是需全面掌握建设部门的设计计划、设计理念以及设计意图比选状况，熟悉基础开挖和基础处理、工期安排以及施工进度；四是施工中需要注意的问题包含施工材料要求、施工技术要求、施工设备要求等。

在校核施工图纸时需注意以下几点内容：一是需校核施工图纸是否通过建设部门同意，是不是设计部门签署；二是校核施工图纸相关文化是否齐全，确保施工过程有据可循；三是校核施工图设计中考虑到地下的障碍物，确保施工图纸的可操作性；四是校核施工图纸是否有遗漏或是错误的地方，使用的表示方法是否满足相关标准等。

三、水利水电工程中水闸施工技术准备

作为基础水工构筑物，水闸施工在我国的发展历史非常悠久，都江堰便是古代水利工

程的主要代表。水闸结构主要由闸室以及上游、下游连接段形成，其中闸室正是水闸的主体部分，上游连接段能通过翼墙、护坡设置来保证抗渗稳定性，并实现对水流的引导，帮助水流平稳进入闸室。而下游连接段则能保证水流传导足够均匀，并消除闸水流动中的动能，避免水流冲刷影响河床与两岸的稳定性。因为水闸施工的整体工序非常复杂，所以在开展水闸施工时，必须重点关注施工质量的控制效果，以此来保证水闸施工的合理性，进而在满足施工效果的同时兼顾工程进度要求。因此，有必要对水利水电工程中的水闸施工技术进行分析。

（一）工程概况与准备

1.工程概况

某水利水电工程项目施工目标共分为 2 个水闸，一号水闸规模为 1 孔 ×3m，其闸底高程参数为 0.50m，根据设计图纸其灌注桩数量为 78 根。二号水闸其位置处于一号水闸东侧 400m，规模、闸底高程分别为 3 孔 ×4m、0.15m，灌注桩 138 根。

2.施工前准备

为保证水闸工程施工建设品质，必须做好前期技术经济评估工作，严格审核工程建设的各个环节，校核工程管理制度是否符合建设应用标准，工程参建各方协同进行探究，就施工方案合理性以及可行性进行评估，加强技术层面的重视程度，并就施工方案中的不合理之处进行技术纠正，避免设计与实际施工之间出现偏差，进而消除工程隐患。

在水闸工程施工建设过程中，工程单位高度重视开挖质量，结合工程实际情况，优化混凝土施工环节，工程单位严格把控原材料质量，包括材料采购环节及材料入场前的质检，从源头对原材料质量进行把控，避免因材料问题，引发工程隐患。尤其在水泥砂浆制备过程中，严格控制水泥灰比例，适量添加砂石料、粗细骨料等，按照配置比例进行调整，确保提升水泥砂浆制备质量，同时，在灌注作业开展前，对砂浆强度和密度进行检验，确保满足混凝土施工标准，进而提升水闸工程结构强度。

在金属结构施工过程中，严格核实金属构件厂商资质，做好金属构件运输线路规划，整合金属构件现场安装方法，切实提升金属结构施工质量。在水闸门槽预埋件安装过程中，施工人员严格按照施工技术进行规范操作，加强对焊接质量的把控，避免出现位移、变形等问题，从根本上提升水闸工程施工品质。

（二）水闸关键施工技术

1.导流施工技术

在该工程施工过程中，运用了导流施工技术，工程单位综合考量了潮汐因素的影响，参照导流建筑防潮标准进行建设，并结合实际情况，制定完善的导流方案，并科学遴选围堰修建方法；同时，在导流施工技术实施过程中，加强对地形因素的考量，做好水文地质勘察调研工作；另外，为提升工程建设质量，使用防渗塑模进行铺设，有效提高了围堰坚固性能。此外，为提升水闸工程质量，优化了土质河床护底工作，严格把控护底工程的宽广性，尤其在护堤施工前，严格把控抛投料物的移动规律。明渠导流如图 5-1 所示。

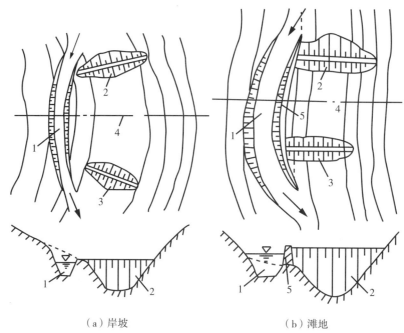

（a）岸坡　　　　　　　　　　（b）滩地

1—导流明渠；2—上游围堰；3—下游围堰；4—坝轴线；5—导墙

图 5-1　岸坡与滩地开挖明渠

由图可以看出，该工程所用导流方法，以明渠导流为主。在导流过程中，可以将工程分为两个部分，一部分为岸坡，另一部分为滩地。导流时，需要按照图中所示的方法，对明渠、上下游围堰，以及坝轴线与导墙之间的相互位置关系进行控制，保证工程质量。

2. 加固施工工艺技术

水闸施工技术在水利水电工程中发挥重要作用，加固施工技术为整个工程质量提升提供了保障，施工中涉及基础帷幕灌浆、高低涵灌浆技术等，在现场施工过程中，需要对测量工作进行质量控制，项目参与各方需要协同配合，做好施工现场内标高和控制点测量工作，测量人员对基准点精度进行校核，核实数据的准确性，按照国家测绘标准开展测量工作。

在基础帷幕灌浆过程中，有关人员需要从侧放空位、首段钻孔、次段钻孔、制浆、检查孔钻孔等方面出发，最终完成整个灌浆过程。

在上述水利水电工程建设中，在间隔大坝断面 20～40m 处布设控制网，对原始数据进行获取。在帷幕灌浆过程中，在大坝轴线上游 10m 处布设灌浆轴线，设置单排孔，将孔距设定在 3m，使用经纬仪进行测定，确保钻孔位置精准。钻孔结束后，及时清洗和处理，进行压水实验操作，确保发挥加固施工技术优势，保证工程建设品质。

3. 施工现场材料的质量控制

在水闸施工期间，工程、辅助材料极为关键（构件、半成品），作为项目工程中的实体内容，其质量将会影响最终工程品质，只有保质、保量地开展工程材料供应，才能为水闸项目的顺利开展提供先决条件。

在质量控制期间，材料管理部门需要专门构建完善材料检查、验收、送检体系，以此来避免劣质材料进入水闸施工现场。在材料采购过程中，需要针对材料的性能参数进行抽检，尽量保证所有材料的厂家、规格、批次一致。在材料入场时，坚决剔除不合格的材料，避免因材料质量问题，存在施工安全隐患。除此之外，诸如水泥、钢材以及其他各种材料入场时，不仅需要开展质量检验，还需要出示合格证，认真核查钢筋型号、品牌，做好钢筋材料刚度、硬度试验。完成材料检验工作后，优化材料存储方式，做好钢筋材料防腐蚀工作，避免材料受损。同时，要做好施工现场材料监督检验工作，制定材料申领制度，认真做好材料申领工作，便于掌握材料供求情况。

4. 基础开挖技术

在基础开挖前，需要安排勘察人员针对开挖场地进行综合考察，以此来确定场地是否满足水闸的实际施工需求。只有场地满足水闸施工条件，才能保证水闸施工效果。在开挖期间，应该结合施工要求选择合理选择挖掘机，然后利用倒退施工的方式开挖，施工中还要关注废料情况，及时将场地中的施工废料运输至场外。除此之外，护坡、边坡、底板应该预留出防护层，并在垫层施工前对防护层进行修坡，以此保证施工效果。需要注意的是，开挖期间若遇到岩层，则应该利用浅孔爆破法处理岩层。此时应该重点关注基坑排水能力，只有这样才能保证开挖顺利，若基坑内有积水，则可以利用小水闸来处理积水。除此之外，在基础开挖过程中，做好支护工作同样重要。支护有利于减少倒塌等风险，保证基础稳定。

在基础开挖支护过程中，需要首先准备工字钢，将该材料应用到支护中，有利于提升支护稳定性。另外，还需要对各项参数进行优化控制，将工字钢角度控制在 45° 左右，提高基础开挖的质量。

5. 基础处理技术

在水闸施工环节，基础处理效果非常关键，在处理基础时，应该结合闸室基础特征来调整施工方法。基础处理一般会选择固结灌浆，固结灌浆大多会使用 R42.5 硅酸盐水泥来处理，处理期间要保证孔间距、排间距均为 3m，而进入基岩深度则要达到 4m。在灌浆开始前，应该提前进行压水试验。而在灌浆时还要适当加强灌浆现场监测，以此来降低施工漏浆等问题的发生概率。除此之外，由于水闸施工工期较为紧凑，需要在闸墩立模期间进行固结灌浆，将灌浆孔设置在闸墩外围，以此提高灌浆效果。

6. 闸室施工

（1）闸室底板混凝土施工。在混凝土浇筑前，应该提前开展基面冲洗，保证基面足够干净整洁，清洗之后需要将积水排出。一般而言，闸室底板施工期间所使用的混凝土，其强度等级应该达到 C30，并保证底板厚度达到 80cm。

在模板制作期间，可以利用竹胶板来保证模板效果，在钢筋安装时，则要重点关注测量放样精准性。由于底板混凝土的浇筑范围比较广，为了提高混凝土浇筑效果，可以按照分层、阶梯顺序依次浇筑，这种浇筑形式能够有效减少初凝现象带来的影响。

在实际浇筑期间，如果利用水平分层的方式进行施工，则应该利用辅料来开展振捣施工，直至混凝土表面气泡彻底消失，这样能够提高混凝土施工时的紧密性。若要保证混凝土表面足够光滑，还应该在振捣结束后利用木尺刮平混凝土，在拆模完成后第一时间对拉杆两侧进行处理。在混凝土浇筑结束24h，便可对混凝土开展洒水养护，通过合理养护能够有效保证混凝土施工效果。需要注意的是，在开展水闸墙浇筑工作时，则应结合混凝土性质以及水闸墙结构情况进行施工，此时下部可以利用分层浇筑，而上部则可以通过锥顶分段的形式来浇筑。在施工期间，顶部锥形结构可以采用一次性立模浇筑来提高施工质量，若在施工期间出现浇筑中断的情况，则浇筑效果将会大打折扣。在开展闸室施工时，可以利用预应力锚索、基坑支护的方式进行施工质量管控，预应力锚索在施工期间要结合闸室结构实现安装、灌浆等施工步骤，只有施工技术与实际需求相吻合，才能够保证施工效果。而基坑施工则需要重点关注基坑开挖，只要严格遵循开挖流程便能够保证基坑施工质量。

（2）闸室主体施工。在开展水闸墙的大断面施工时，为了避免影响水闸墙的岩体结构带，需要利用风镐剥离的方式来保证施工效果，在水闸墙岩土结构断面达到一定尺寸后，便可通过锚杆支护的方式来保证工程稳定性，加强对岩体结构的保护。一般而言，在开展水闸墙岩体临时支护时，还可以利用锚杆、锚索、砂浆固封等形式来保证支护效果，如图5-2所示。

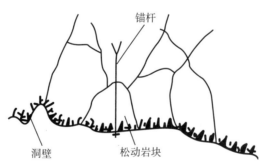

图 5-2　锚杆支护原理

由上图可以看出，锚杆支护能够作用于松动岩块，避免脱落等问题的发生，有利于稳定岩体结构，确保工程的稳定性。

7. 闸墩施工

（1）闸墩施工流程。闸墩施工的具体流程如下：

做好浇筑准备。在立模前需要在浇筑完成的底板中确定闸孔中心线、边线以及控制线，然后沿着边线开展高程测量，以此来提高立模、校正质量。在制作完成的模板中需要标记出工作、检修门槽位置线，然后对全套模板进行编号并送到施工现场，在放置期间为了保证使用时的便捷性，处于下方的模板应该最后放置。

立模处理。在立模期间要针对闸墩两侧模板进行处理。平直模板先于圆头模板进行立模，并在底层模板上口保证水平型。在闸墩两侧模板中，应该每隔1m左右钻孔，并将螺栓穿入圆孔，这样能够有效防止模板出现内倾的情况。在此期间，螺栓能够承受混凝土所带来的侧压力，而且螺栓平撑连接还能够提高撑木刚度。模板设置结束，可以进行清仓处理，然后堵住孔洞进行浇筑，施工时要重点关注上升速率，若速度过快，模板受到的压力将大幅提高。

（2）闸墩混凝土浇筑。混凝土施工质量直接关系到水闸工程整体建设品质，在实际进行混凝土浇筑前，安排专人对混凝土质量进行检查，旨在提升施工安全系数；在混凝土配置上，结合水利水电工程施工标准，合理配置混凝土比例，严格对环境、温度计气候因素的考量，合理控制含水量，避免出现塌落现象。

在混凝土浇筑过程中，施工人员使用的是斜面分层浇筑施工技术，加强对内外温差条件的考量，避免出现施工裂缝问题，严格对施工隐患的把控。

8. 闸门施工

在水利水电工程中，闸门施工相对较为复杂，施工期间不仅需要确保混凝土强度满足施工所需，还需要通过使用塑料膜并涂抹脱模油，在脱模油干后才能进行扎筋施工。闸门门体可以选择强度等级为C50的混凝土，并将混凝土坍落度控制在3cm，而张拉施工则必须严格按照施工标准进行作业。

除此之外，锚固垫板应该预留孔洞，并利用电焊对其进行连接，在闸门安装期间，可以利用卷扬机将板拉至底板位置，然后开展竖直、定位等操作。闸门门叶在制作期间可以存在公差值，在门叶焊接完成后，必须重点关注门叶形状、稳定性。闸门水封需要根据长度要求提前黏好方能正式钻孔，在操作期间，为了保证水封、压条、门体孔洞位置相同，必须时刻按照施工规范进行作业。闸门安装结束，则应在无水情况下进行全行程开闭检验，以此确保闸门质量满足设计标准，在无水试验期间，可以在水封位置处适当浇水，以此保证水封湿润程度，减少摩擦力所带来的影响。

9. 施工后验收

水闸工程完工建设后，工程单位参照工程质量验收标准及工程施工合同进行验收，联合业主单位、监理单位等部门开展工程质量评定工作，做好详细全面的工程验收记录，并及时上报。加强对工程周边岩土土体及土质变化情况的调查，加强对水流冲击因素等的考量，避免水闸工程坍塌、变形等质量通病；制订完善的养护管理计划，安排专人进行养护和管理，加强对金属结构质量的检测，避免出现腐蚀、变形等问题，进而提升水闸工程使命寿命。

第六章

水利水电工程施工图预算与预算编制

第一节 施工图预算

一、施工图预算的作用

施工图预算是在施工图设计阶段，在批准的概算范围内，根据国家现行规定，按施工图纸和施工组织设计综合计算的造价。

其主要作用如下：

一是确定单位工程项目造价的依据。预算比主要起控制造价作用的概算更为具体和详细，因而可以起确定造价的作用。这一点对于工业与民用建筑而言，尤为突出。如果施工图预算超过了设计概算，应由建设单位会同设计部门报请上级主管部门核准，并对原设计概算进行修改。

二是签订工程承包合同，实行投资包干和办理工程价款结算的依据。因预算确定的投资较概算准确，因此，对于不进行招投标的特殊或紧急工程项目等，常采用预算包干。按照规定程序，经过工程量增减，价差调整后的预算作为结算依据。

三是施工企业内部进行经济核算和考核工程成本的依据。施工图预算确定的工程造价，是工程项目的预算成本，其与实际成本的差额即为施工利润，是企业利润总额的主要组成部分。这就促使施工企业必须加强经济核算，提高经营管理水平，以降低成本，提高经济效益。同时也是编制各种人工、材料、半成品、成品、机具供应计划的依据。

四是进一步考核设计经济合理性的依据。施工图预算的成果，因其更详尽和切合实际，可以进一步考核设计方案的技术先进性和经济合理程度。施工图预算也是编制固定资产的依据。

二、施工图预算的内容和编制依据

（一）施工图预算的内容

施工图预算包括单位工程预算、单项工程预算和建设项目总预算。单位工程预算是根据施工图设计文件、现行预算定额、费用标准以及人工、材料、设备、机械台班（时）等预算价格资料，以一定方法，编制单位工程的施工图预算。然后汇总所有各单位工程施工图预算，成为单项工程施工图预算。再汇总所有各单项工程施工图预算，便构成了建设项目建筑安装工程的总预算。

单位工程预算包括：建筑工程预算，机电设备及安装工程预算，金属结构设备及安装工程预算，施工临时工程预算，独立费用预算等。建筑工程预算项目包括枢纽工程中的挡水工程、泄洪工程、引水工程、发电厂工程、升压变电站工程、航运工程、鱼道工程、交通工程、房屋建筑工程和其他建筑工程、引水工程及河道工程中的供水、灌溉渠（管）道、河湖整治与堤防工程、建筑物工程、交通工程、房屋建筑工程、供电设施工程和其他建筑工程等。机电设备及安装工程预算由枢纽工程中的发电设备及安装工程、升压变电设备及安装工程、公用设备及安装工程，引水工程及河道工程中的泵站设备及安装工程、小水电设备及安装工程、供变电工程和公用设备及安装工程等组成。金属结构设备及安装工程预算主要由闸门、启闭机、拦污栅、升船机等设备及安装工程，压力钢管制作及安装工程及其他金属结构设备及安装工程等组成。施工临时工程预算由导流工程、施工交通工程、施工房屋建筑工程、施工场外供电线路工程和其他施工临时工程组成。独立费用预算由建设管理费、生产准备费、科研勘测设计费、建设及施工场地征用费和其他组成。

（二）施工图预算的编制依据

施工图纸及说明书和标准图集。经审定的施工图纸，说明书和标准图集，完整地反映了工程的具体内容、各部分的具体做法、结构尺寸、技术特征以及施工方法，是编制施工图预算的重要依据。

现行预算定额及编制办法。国家和水利部颁发的建筑、设备及安装工程预算定额及有关的编制办法、工程量计算规则等，这些是编制施工图预算确定分项工程子目、计算工程量、计算直接工程费的主要依据。

施工组织设计或施工方案。因为施工组织设计或施工方案中包括与编制施工图预算必不可少的有关资料，如建设地点的土质地质情况、土石方开挖的施工方法及余土外运方式与运距、施工机械使用情况、重要或特殊机械设备的安装方案等。

材料、人工、机械台班（时）预算价格及调价规定。材料、人工、机械台班（时）预算价格是预算定额的三要素，是构成直接工程费的主要因素。尤其是材料费在工程成本中占的比重大，而且在市场经济条件下，材料、人工、机械台班（时）的价格是随市场而变化的。为使预算造价尽可能接近实际，国家和地方主管部门对此都有明确的调价规定。因此，合理确定材料、人工、机械台班（时）预算价格及其调价规定是编制施工图预算的重要依据。

水利水电建筑安装工程费用定额。水利部规定的费用定额及计算程序。

有关预算的手册及工具书。预算工作手册和工具书包括计算各种结构件面积和体积的公式，钢材、木材等各种材料规格、型号及用量数据，各种单位的换算比例等，这些资料是常用的。

三、施工图预算编制办法

施工图预算与设计概算的项目划分、编制程序、费用构成、计算方法都基本相同。施工图是工程实施的蓝图，在这个阶段，建筑物的细部结构构造、尺寸，设备及装置性材料的型号、规格等都已明确，所以据此编制的施工图预算，较概算编制要精细。编制施工图预算的方法与设计概算的不同之处具体表现在以下几个方面。

（一）主体工程

施工图预算与概算都采用工程量乘单价的方法计算投资，但深度不同。概算根据概算定额和初步设计工程量编制，其三级项目经综合扩大，概括性强，而预算则依据预算定额和施工图设计工程量编制，其三级项目较为详细。例如，概算的闸、坝工程，一般只需套用定额中的综合项目计算其综合单价；而施工图预算须根据预算定额中按各部位划分为更详细的三级项目，分别计算单价。

（二）非主体工程

概算中的非主体工程以及主体工程中的细部结构采用综合指标（如铁路，以元/km，遥测水位站以元/座计等）或百分率乘二级项目工程量的方法估算投资；而预算则均要求按三级项目乘工程单价的方法计算投资。

（三）造价文件的结构

概算是初步设计报告的组成部分，于初设阶段一次完成概算完整地反映整个建设项目所需的投资。由于施工图的设计工作量大，历时长，故，施工图设计大多以满足施工为前提，陆续出图。因此，施工图预算通常以单项工程为单位，陆续编制，各单项工程单独成册，最后汇总成总预算。

四、水利工程施工图审查

水利工程施工图审查的技术要点。水利工程由于其复杂性，尚未在全国全面推行施工图设计的审查工作，并且没有全国性统一的规定，大多是各地出台的地方性规章制度，具有很大的局限性与不适用性。

水利工程施工图审查与建筑工程施工图审查的不同之处主要体现在以下三个方面。

（1）审查依据不同。建筑工程有明确的全国性审查依据，而水利工程尚未出台全国性审查依据。

（2）审查的专业不同。建筑工程涉及专业较少，主要为建筑、结构、电气、给排水、景观等。而水利工程根据项目类型的不同，涉及专业较多，如水工、施工、电气、金属结构、水机、安全监测、水保、环保等，并且水利工程中包含有配套的建筑工程。

（3）审查内容不同。建筑工程主要审查内容为建筑物的稳定性和安全性，是否符合消防、节能、抗震等强制性标准或规范，是否达到施工图设计深度，是否损害公众利益。而水利工程审查内容除了以上几项外，还要考虑与初设批复的一致性审查，总体布置及建筑物设置的合理性审查，水工建筑物的抗滑、抗倾、抗浮、抗渗、抗拔、承载力、边坡等稳定安全性审查，各专业的匹配性审查等内容。

（一）审查程序

为保证施工图审查顺利实施，需要制定合理的审查程序。施工图审查的关键线路为：基本资料的接收、施工图初审、设计单位修改及沟通、施工图复审，以及审查合格后施工图盖章等。对涉及结构安全、与初设批复内容不一致、施工图新增项目、投资变化等重大问题，以工作联系单形式及时上报委托方。施工图审查工作程序流程如图 6-1 所示。

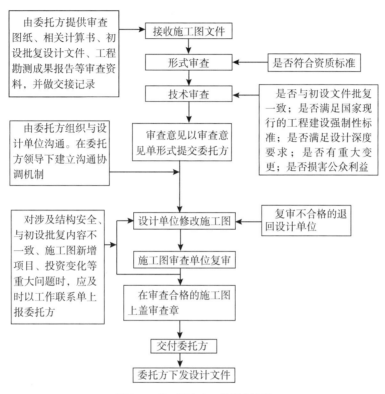

图 6-1　施工图审查工作程序流程

（二）审查内容

1. 审查基本原则

施工图审查是在保证公共利益和公众安全的前提下，根据国家的法律、法规、技术标准与规范及批准的初步设计文件，对施工图安全性和强制性标准、规范执行情况等内容的政策与技术进行审查。施工图审查对保证和提高工程施工图质量至关重要。

施工图审查时应立足施工图阶段，对于已经批准的工程规模、设计标准、布置方案、结构等，在原批准框架内可进行优化，不要求设计单位进行实质改变。

另外，施工图审查并不能替代或部分替代设计单位的三级校审制度。

2. 审查质量目标

根据国家有关法律、法规，对施工图涉及公共利益、公众安全和工程建设强制性标准的内容进行审核，审查施工图建设内容与初设批复的符合性，按照现行行业主要标准及规程、规范要求，提交质量合格的审核咨询意见和优化建议，消除原则性差错和技术性差错，减少一般性差错，提高施工图设计质量，并对审查的图纸质量负相应的责任。

3. 审查基本要求

施工图审查包括形式审查和技术性审查两部分内容。形式审查主要审查施工图设计文件是否符合国家有关法律法规的规定，图纸上技术人员和执业人员签字、盖章是否齐全，是否加盖勘察设计单位出图专用章。

技术性审查主要审查是否按照经批准的初步设计文件进行施工图设计，施工图是否达到规定的深度要求；总体布置及建筑物布置的合理性；建筑物的抗滑、抗倾、抗浮、抗渗、抗拔及承载力等稳定安全性；边坡安全稳定性；建筑物和基础的结构强度安全性；基础处理是否满足安全要求；建筑物的水力设计是否满足要求；电气及金属结构设备的安全性和可靠性；技术文件的完整性；勘察测绘成果是否满足现行规程规范等要求。

（三）审查要求

施工图审查时应根据不同工程类型，制定相匹配的审查要求。

1. 堤防工程

堤防总布置是否合理；加培堤防的宽度、长度和坡度是否满足渗流稳定和边坡稳定要求；压渗、盖重、垂直防渗等措施是否满足渗流稳定要求，防渗材料是否合理，防渗深度与地层地质情况的符合性；填塘的技术要求、施工要求等。

2. 堤顶道路工程

堤顶道路标准应符合初设批复，行车速度符合规范规定。道路宽度符合规范和使用要求。路面结构组合、抗滑性能满足规范要求。路基设计符合规范，若采用新技术、新材料应经过论证。道路工程和重要附属构筑物按规定标准进行抗震设计。如果有文物、古迹、古树等应采取防护措施，道路进出口应合理设置。

3. 护坡护岸工程

险工坝顶宽度是否满足相关规范要求，坝垛土坝体、裹护体、施工水位以下土体边坡是否满足相关规程规范要求，是否满足土坝体防止被水流淘刷、抵御风浪冲击、冰凌和漂浮物损害的要求。

4. 穿堤建筑物工程

穿堤建筑物工程包括穿堤涵闸和穿堤泵站。穿堤涵闸和穿堤泵站应总体布置合理，具体建筑物布置应考虑防洪水位要求，并结合地形地质条件统一考虑。应考虑过闸水流的冲刷影响，考虑是否进行岸坡防护。

涵闸或泵站的水力计算和防渗排水设计方案是否经济合理，建筑物设计的荷载组合、稳定、应力及结构计算方法是否正确等。涵闸或泵站的基础选型、埋深和布置是否合理，基础底面高程是否达到持力层或未达持力层时结构处理措施是否得当。沉降观测布设措施是否准确合理。

5. 水土保持工程

审查要求包括水土保持工程措施、植物措施和临时措施是否在初步设计基础上按各施工标段进行了分解，是否提出了各标段措施布置图，图中展示的各项措施设计内容是否齐全、尺寸是否合理、规模是否满足需要、场地位置布置是否合理等。设计说明内容是否齐全，是否符合设计要求和工程实际。

6. 环境保护工程

结合环境保护工程的特点，主要从以下几个方面进行审查：

编制依据除常规法律法规、技术导则外，还应包括相关主体功能区区划、生态功能区区划和水环境功能区区划相协调。

大气、地表水、地下水、噪声、固废、土壤、陆生生态、水生生态等环境因子是否全面，适用标准是否准确，是不是国家颁布的最新标准，环境保护范围是否与初步设计阶段一致，环境保护重点应与项目性质、与区域敏感程度和保护对象保护级别相关。

环境保护目标尤其是重要环境敏感区是否有遗漏，项目建设内容是否描述清楚和全面（主体工程、辅助工程、配套工程、环保工程、生活设施），区域和项目存在的环境问题、制约因素是否交代清楚。

污染源强分析是否准确和全面、土石方平衡是否全面和准确。生态破坏和影响分析是否准确（植被破坏、水土流失、地下水资源影响等），数据来源是否可靠和可以引用。

主要污染防治设备设施、敏感点、废水排放去向、污水处理、废气排放、取弃土场和渣场等是否清晰。污染防治措施、生态保护措施是否全面并且可行。

生态环境保护措施、补偿措施是否符合环评批复和国家环境保护要求，环保措施和设施是否落实到环保投资概算中。

审查关注的重点问题。关注上阶段审批，关注重点问题，关注环保措施落实，在《环境影响报告书》及批复文件的基础上，细化污染源强分析，深化论证针对性的环境保护措施，通过环保措施和设施的实施，最终达到环评批复要求。

对环保措施和生态补偿措施的工艺方法、规模和工艺参数进行复核，确保环境保护措施实施后的效果。

环境保护施工图图纸的规范化审查。

为提高施工图审查效率，确保审图效果，笔者建议采取以下几种措施：

保证接收资料的完整性。特别是建筑物施工图，应在接收齐全各专业图纸后再开展施工图审查工作。这样才能尽量避免各专业接口不匹配、尺寸打架等问题的发生。

建立施工图审查意见单模板。根据专业不同制定相应的审查项目及细项。这样各专业能够掌握审查要点，确保审查成果的统一性和准确性。

加强沟通，在审查过程中加强与设计单位、委托单位的沟通与交流，确保审查进度与质量。

五、施工图设计对水利水电工程的影响案例

在实际施工过程中，往往因为施工图设计不合理、不及时等因素，对工程质量、进度及效益都有不同程度的影响，不仅拖延了工期，而且增加了造价。以黄草湖泵站工程为例，分析在施工过程中，施工图设计存在的具体问题及对施工造成的影响，并提出应对措施的个人建议。

（一）工程概况

湖北省黄草湖泵站新建大（2）型排涝泵站，总装机容量5600kW，总流量50m³/s，由4台1400kW立式轴流泵组成。其主要建设内容为：引、出水渠开挖、护砌；进水前池及建筑物新建；主、副厂房新建；出水流道、消力池新建；电机、水泵、室内外电气设备安装；附属建筑物及设施新建等。

与其他水利工程相比，该泵站工程具有以下特点：施工线路较长、涉及面较广，地质勘查工作量大；建设内容多、工艺复杂，其中，机电设备及自动化等安装工程，对前期土建结构质量精度要求较高；主体工程多涉及防洪度汛工作，最佳施工时段为枯水季节，时间较短、工期紧张。

（二）施工过程中设计存在的具体问题及造成的影响

1. 地质勘查深度不足

该工程总长约1.8km，其中进、出水渠道长占85%。由于施工线较长，前期地质勘查工作未结合现场地质条件、水文情况、气候环境等进行全面勘查，以至于部分建筑物的地质情况勘查误差过大，进而引发设计变更，增加工程成本。例如该工程的进水渠段，依据设计总体布局进水渠须穿过当地鱼塘群，该区域地势平坦，周围也没有河流，前期地质勘查结论为硬质土层无须进行基础处理。然而，实际施工时却是淤泥不断，基槽滑动渠道无法开挖成型。通过查阅当地水文资料及重新勘探后，才得知该区域以前是老河床中心，此处经多年演变、改建后才成为鱼塘养殖至今，该区域基槽为大面积流动淤泥层。由于淤泥不能有效隔挡或清理，无法继续施工。设计单位不得不进行设计变更，依据重新勘探的结果增补设计基础处理方案，导致工期延误，施工成本及工程总造价增加。

2. 施工图设计进度滞后

该工程的施工图纸采用的是边施工、边设计的方式，整个工程按部位及专业进行分类设计，并按照施工进度分期提供。实际施工中，这种方式所提供的每册施工图纸都有不同程度上的延误，其中主厂房施工图纸当属延误最严重。按照施工进度计划，主厂房施工已按申报时间开始实施，其基槽也已开挖完成。由于后续施工图纸的延误，厂房迟迟没有动工，后在多方协调和催促下，施工设计图最终延误了4个多月，致使主厂房错过了最佳施工时段，造成总工期延误，同时增加了后期的施工难度和相关的赶工及其他成本费用。

3. 施工图设计深度不足，不能指导施工

目前，许多设计院聘请的设计人员大多是应届毕业生，对施工过程可以说一窍不通，对自己的设计成果在施工中是否具有可操作性也没有概念。正因为设计人员缺少实际经验，许多项目的设计都是借鉴类似项目的资料进行修改或设计，由于缺少对原设计理念及相关工艺和技术标准的了解，因此经常发生设计不合理、与施工技术相矛盾的情况，达不到安全运行条件，无法指导施工，严重阻碍施工进度和工程质量。

（1）对施工工艺不了解。该工程的水泵设备安装对土建结构高程、定位等尺寸的施工精度要求较高，前期设计人员并未从水泵的安装工艺角度进行设计考虑。例如，水泵的出水穿墙钢管，按照施工工艺流程应预先吊入墙体并初步固定，待水泵吊装、调整就位后再与岔管进行浇筑结合，既不耽误前期主厂房的施工，也不影响后期的设备安装。然而，前期设计人员的意图却是先与岔管浇筑连接，完全未考虑后期的安装工艺。若未及时发现图纸中的问题，而是按错误设计进行施工，那么水泵设备将会因轴线、高程等参数无法调整而不得不返工或进行设计变更。

（2）结构安全性考虑不周全。泵房的电机层是整个安装过程中用于临时存放设备的，电机层板的荷载设计是否能满足基本的安全要求应谨慎计算、考虑。水泵电机的组件较多且体型大，每台定子的毛重高达12t，而水工设计图中的电机层板钢筋布置设计均布荷载仅为 $10kN/m^2$，根本无法满足机电设备临时存放的最低标准，存在重大安全隐患。经过多次沟通后，尽管最终同意变更为双层钢筋布置，但由于变更及返工地延误，产生了许多不必要的工期和成本浪费。

（3）缺乏相应的设计理念。泵站拦污栅桥共设七孔，清污的设计理念是采用移动耙斗式清污机垂直清理拦污栅桥七孔中的河道垃圾，然而设计人员对于清污机的工作原理及方式缺乏了解。与回转齿耙式清污机不同，移动耙斗式清污机只能左右及上下移动并不能前后运送垃圾至桥面，拦污栅桥设计时应预留一跨用于清污机的卸载及垃圾堆放，否则清污机将无法运行。然而设计人员对此缺乏考虑，经多次反复沟通后才同意沿桁架轨道方向多增设一孔，用于耙斗式清污机卸载垃圾及车辆装车、外运。

4. 质量意识薄弱，图纸校核不严

该工程共分5册施工图纸，由设计单位分期提供，以及设计人员之间缺乏沟通和交流、协调配合差，再加上设计单位内部对图纸校核不严，致使该工程施工图纸中不合理且相互矛盾的地方太多，申请设计图答疑的次数过于频繁，严重阻碍施工进度。尽管会议如此频繁，却没有降低因施工图不合理而频繁造成的停工或返工问题。泵站工程涉及专业较多、工艺较为复杂，设计是否合理需从整体上分析对比。施工前期由于设计图纸不全，图纸的审核难以从整体上分析掌控，即使后期设计图与前期图纸相矛盾、不合理，也难以及时发现。

（三）应对措施

以上案例说明，把好施工图设计这一关，是提高工程投资效益、保证工程质量及施工进度的关键一环。施工过程中，由于施工图设计原因所造成的影响，是整个后续施工都难以弥补的，甚至有可能给工程项目带来全局性或整体性影响，以致阻碍整个工程项目目标的实现。针对上述问题及带来的影响，可以通过措施进行改进。

1. 实行设计招标制度

大中型泵站工程具有工期长、难度大等特点，我们应加强水利工程设计的程序化管理，采用招投标设计方式通过市场竞争，选择最优的设计单位，确保设计单位的资质、方案满足工程规划要求。只有这样才能选出最优设计方案，同时增强设计单位的危机意识，促使设计单位不得不调整人员结构，聘请有经验的专家做技术顾问，充实技术力量，并不断提高自身技术水平和市场竞争力，从而有效抵御各种施工风险，提高工程投资效益，从根本上降低设计原因带来的影响。

2. 加强施工图设计进度控制

目前，大中型工程的施工图设计大多采用边设计、边施工的方式，若设计单位没有足够的技术力量，出图进度难以跟上施工进度，达不到预期的设计效果。针对这一现状，设计单位应根据设计的总时间以及不同施工阶段的特点和难易程度，提前制订合理的施工图设计进度计划，并按照制定的时间节点准时提供施工图纸。设计各专业间必须有一个工作能力和沟通能力强的人进行协调，以避免出现设计图纸相互矛盾和相互推诿现象。设计过程中一旦出现设计进度滞后，设计单位应加派人手督促加班加点，在保证设计质量的同时加快设计速度。设计进度计划中应考虑或预留给实施方充足的图纸会审时间，尽量减少因图纸延误造成的返工或停工现象，达到工程建设的效益最大化。

3. 加强内部管理，提高设计质量

设计单位应完善内部图纸校核、审查、审批制度，关键部位、关键工序需安排多层次校核审查，确保设计成果的正确性、合理性及安全性，保证图纸可以指导工程施工的进行。设计前期各专业设计人员应共同参与探讨、研究方案设计及定案工作，为施工图的设计工作做好技术准备。设计作业中应加强设计人员之间的配合协调工作，建立良好的沟通渠道和方式，并统一提供设计人员所需的原始资料，避免因专业之间的漏洞、错误、资料缺失等原因给施工带来不良影响。制定并落实质量责任制，按质量考核管理办法进行考核，通过奖惩方式提高设计人员的积极性及质量意识，避免设计人员之间出现相互推责、推诿现象。设计人员应经常前往施工现场了解相关施工工艺流程，虚心听取相关建议和意见，将设计理论与施工现状相结合，提升自身的设计技能和设计质量，使设计图纸更具可操作性，避免因设计变更造成的工期延误及施工成本增加。

4.加强施工过程中的设计保证服务

大中型泵站的工期较长、工艺复杂、图纸较多，即使设计力量雄厚的设计单位也难以保证设计图纸一定合理。为了弥补设计图纸其他设计环节不合理给施工过程造成的不良影响，设计单位除了按时提供设计图纸外，还应根据现场施工进度情况合理派驻专业设计代表，并授予一定答疑和解决问题的权力，避免在施工中因设计或技术问题沟通不及时或者处理问题环节过于烦琐而影响施工，延误施工总进度。

（四）案例启示

综上所述，施工图设计对大中型泵站工程的施工质量、成本、进度及整个工程的效益都会产生不可忽视的影响，保证施工图设计的进度、质量，是加快施工进度及整个工程质量、进度，降低成本的关键。施工图设计单位应解放思想，转变观念，不能一味地单从某一参建方寻找原因，应全面分析每一个问题并查找其根源所在，全面且有效地将问题处理在萌芽状态，并从整体上进行改进和掌控，从而保障整个工程项目的目标得以实现。施工图设计作为实施阶段的关键环节，应高度重视它在水利工程建设中所发挥的指导性作用，并将设计成果与工艺、造价、施工及相关技术标准等相融合，使工程实体发挥最大的经济效益，这才是施工图设计的价值体现。

第二节　施工预算

一、施工预算及其作用

施工预算是施工企业根据施工图纸、施工措施及施工定额编制的建筑安装工程在单位工程或分部分项工程上的人工、材料、施工机械台班消耗数和直接费标准，是建筑安装产品及企业基层成本的计划文件。

施工预算的作用是：

（1）施工预算是编制施工作业计划的依据。施工作业计划是施工企业计划管理的中心环节，也是计划管理的基础和具体化。编制施工作业计划，必须依据施工预算计算的单位工程或分部分项工程的工程量、构配件、劳力等。

（2）施工预算是施工单位向施工班组签发施工任务单和限额领料的依据。施工任务单是把施工作业计划落实到班组的计划文件，也是记录班组完成任务情况和结算班组工人工资的凭证。施工任务单的内容分为两部分：一部分是下达给班组的工程任务，包括工程名称、工作内容、质量要求、开工和竣工日期、计量单位、工程量、定额指标、计件单价和平均技术等级；另一部分是实际任务完成的情况记载和工资结算，包括实际开工和竣工日期、完成工程量、实用工日数、实际平均技术等级、完成工程的工资额、工人工时记录表和每人工资分配额等。其主要工程量、工日消耗量、材料品种和数量均来自施工预算。

（3）施工预算是计算超额奖和计算计件工资、实行按劳分配的依据。社会主义应当体现按劳分配的原则，施工预算所确定的人工、材料、机械使用量与工程量的关系是衡量工人劳动成果、计算应得报酬的依据，它把工人的劳动成果与劳动报酬联系起来，很好地体现了多劳多得、少劳少得的按劳分配原则。

（4）施工预算是施工企业进行经济活动分析的依据。进行经济活动分析是企业加强经营管理，提高经济效益的有效手段。经济活动分析，主要是应用施工预算的人工、材料和机械台班数量等与实际消耗量对比，同时与施工图预算的人工、材料和机械台班数量进行对比，分析超支、节约的原因，改进操作技术和管理手段，有效地控制施工中的消耗，节约开支。

施工图预算、施工预算、竣工结算是施工企业进行施工管理的"三算"。

二、施工预算的编制依据

工作实践表明，要准确地编制施工预算，其必要而且准确的依据是关键。从施工预算编制效果来看，其编制应当依靠：施工图纸、施工定额及补充定额、施工组织设计和实施方案、有关的手册资料等。

（1）施工图纸。施工图纸和说明书必须是经过建设单位、设计单位和施工单位会审通过的，不能采用未经会审通过的图纸，以免返工。

（2）施工定额及补充定额。包括全国建筑安装工程统一劳动定额和各部、各地区颁发的专业施工定额。凡是已有施工定额可以查照使用的，应按照施工定额编制施工预算中的人工、材料及机械使用费。在缺乏施工定额作为依据的情况下，可按有关规定自行编排补充定额。施工定额既是编制施工预算的基础，也是施工预算与施工图预算的主要差别之一。

（3）施工组织设计或施工方案。例如，土方开挖，应根据施工图设计，结合具体的工程条件，确定其边坡系数、开挖采用人工还是机械、运土的工具和运输距离等。由施工单位编制详细的施工组织设计，据以确定应采取的施工方法、进度以及所需的人工材料和施工机械，作为编制施工预算的基础。

有关的手册资料。例如，建筑材料手册，人工、材料、机械台班费用标准等。

三、施工预算的编制步骤和方法

（一）编制步骤

编制施工预算和编制施工图预算的步骤相似。首先应熟悉设计图纸及施工定额，对施工单位的人员、劳力、施工技术等有大致了解；对工程的现场情况，施工方式方法要比较清楚；对施工定额的内容，所包括的范围应了解。为了便于与施工图预算相比较，编制施工预算时，应尽可能与施工图预算的分部、分项项目相对应。在计算工程量时所采用的计算单位要与定额的计量单位相适应。具备施工预算所需的资料，在熟悉基础资料和施工定额的内容后，可以按以下步骤编制施工预算。

1. 计算工程实物量

工程实物量的计算是编制施工预算的基本工作，要认真、细致、准确，不得错算、漏算和重算。凡是能够利用施工图预算的工程量，就不必再算，但工程项目、名称和单位一定要符合施工定额。工程量的计算方法可参考第五章内容。工程量计算完毕经仔细核对无误后，根据施工定额的内容和要求，按工程项目的划分逐项汇总。

2. 套用的施工定额必须与施工图纸的内容相一致

分项工程的名称、规格、计量单位必须与施工定额所列的内容相一致，逐项计算分部分项工程所需人工、材料、机械台班使用量。

3. 工料分析和汇总

有了工程量后，按照工程的分项名称顺序，套用施工定额的单位人工、材料和机械台班消耗量，逐一计算出各个工程项目的人工、材料和机械台班的用工用料量，最后同类项目工料相加予以汇总，便形成一个完整的分部分项工料汇总表。

4. 编写编制说明

编制说明包括的内容有：编制依据，包括采用的图纸名称及编号，采用的施工定额，施工组织设计或施工方案；遗留项目或暂估项目的原因和存在的问题以及处理的办法等。

（二）编制方法

编制施工预算有两种方法：一是实物法；二是实物金额法。

实物法的应用比较普遍。它是根据施工图和说明书按照劳动定额或施工定额规定计算工程量，汇总、分析人工和材料数量，向施工班组签发施工任务单和限额领料单。实行班组核算，与施工图预算的人工和主要材料进行对比，分析超支、节约原因，以加强企业管理。

实物金额法，即根据实物法编制施工预算的人工和材料数量分别乘以人工和材料单价，求得直接费，或根据施工定额规定计算工程量、套用施工定额单价，计算直接费。其实物量用于向施工班组签发施工任务单和限额领料单，实行班组核算。直接费与施工图预算的直接费进行对比，以改进企业管理。

四、水利工程预算超概算原因

概预算控制既是有效监督和管理水利工程的重要方法，也是构成项目的主要内容，应贯穿于施工、设计、规划等各个阶段。根据项目建设流程，水利工程建设的阶段性工作必须与工程概预算的编制相适应。考虑到水利建设存在周期长、规模大和单体性特征，其成本计价也存在按工程构成分部组合计价、多次性和单体性等特征，即在分别确定单项工程、单位工程造价的基础上汇总确定工程总价，若未实行分解则无法直接算出。近年来，超概算问题在水利工程建设过程中日趋突出，并逐渐成为政府投资控制和管理的难点、重点。

（一）水利工程预算超概算原因

1. 部分概算子项编制条件不成熟

考虑到必须于年度汛前期发挥工程作用的工期节点刚性，在前期可研、设计及招标阶段，大多数水利工程均比较紧张，概算编制和设计单位人员未能全面充分地调研周边环境，致使部分概算子项预估严重不足、无法估计或者漏项。例如，由于当地供电局没有出具输配电方案使供电外线接入费用无法估计；因未深入调研工程具体环境导致需要实际迁移的供排水管线、光缆、通信等工程涉及项漏项；没有考虑有关规范准确足额的计取工程施工过程中涉及的污水管线、给排水计入费用，绿化用地占用和赔偿费用等，以上因素均可在一定程度上引起后期的预算超概算问题。

2. 未深入理解掌握计价依据

《概（估）算编制规定》明确了水利工程独立费用包含其他税费，而其他临时工程包含于临时工程。依据编制规定许多项目概算独立费用和临时工程，仅仅编制了截流、导流、监理、设计等明列项目，极易漏列项目建议书编制费、防汛费、招标代理费等将来预估且肯定客观发生的一部分费用。

概预算编制脱节，对概算与预算定额间的关系未能准确地处理。水利概算等额为大多数水利工程概算的编制依据，在使用水利预算定额的情况下招投标部分专业工程，套用绿化、市政和建筑安全等预算定额，若未将可能运用的预算编制阶段其他专业定额考虑至概算编制阶段，项目概预算编制脱节将造成客观上的概算失控，使得概算指标大幅度偏离预算编制。

3. 现行水利基建程序导致预算超概算

根据编制规定将设计阶段划分为可行性研究、招标、施工图和初步设计阶段，工程造价现行管理办法规定招投标设计图或者施工图也可进行预算编制。工程实践中，以招标设计图编制的工程预算将成为后期施工图预算超概算的主要原因。由于"设计版本"的不同，将形成施工图预算和招标设计图预算"两版预算"，若招标设计图较之施工图的设计量出现变更或者较大增加，势必会产生严重的施工图预算超概算。

4. 跨专业工程设计及概算编制深度不足

大中型水利项目属于一项集输配电、路桥、建筑装饰等多专业的复合工程，实际工程中以水利工程为主。针对水利概算编制以及本专业工程的设计，在初步设计阶段相对较为简单，而涉及的其他跨专业项目通常以预留项目的形式拟到施工阶段明确，或者停留在方案设计阶段，加之大多数编制人员对其他专业力不从心以及不合理的编制组人员结构，因此，通常以一项总金额编制大部分跨专业工程概算，这是进一步细化专业图纸预算超概算的关键因素。

（二）水利工程预算超概算控制对策

在初步归纳有关文献资料的基础上，深入剖析和探讨了工程超概算的控制方法，而对于项目超概算的控制对策大多数研究侧重于项目实施全过程的视角。例如，王建叶等为实现项目超概算的控制目标，提出加强监督管理、健全激励约束价值、注重造价管理等措施；吴湘利等提出的项目超概算控制措施包括加强原材料控制、加大造价审核力度和构建完善的管理制度；袁艳霞等认为专项指标变化、工期延长、融资方案调整、价格波动、施工期设计变更等为引起水利工程建设项目超概算的主要原因。

1.加强各单位协作，做好项目概算工作

完成初步设计概算初稿后要充分利用各方审查力量，建设单位主动委托造价咨询机构或政府评审单位审查，积极组织专家审查会并充分重视项目初步设计各类审查意见，督促概算编制单位修正完善经设计确认后的概算，全面吸纳整理各类专家评审意见。

针对专项部分费及规费等应纳入概算的费用，在项目前期应加强与建设、绿化、国土等部门的协调沟通，明确各类规费的大致估算额和取费标准。对于燃气、电信等管线迁移费用以及输变电外线费用，这种概算编制单位无法编制确定而又纳入总概算专项部分的费用，建设单位应预先联系燃气、电信、共点等部分，在现场实际踏勘和充分了解客观需求的情况下，让其及时给出费用预算书并提交概算编制单位，项目概算编制时纳入此类费用。

2.加强各单位管理，提升文件编制质量

大中型水利工程涉及的路桥、通信、永久性输变电等跨水利专业的项目较多，均应按相应行业的定额、取费标准及《概（估）算编制规定》编制各项概算，并将各项目概算纳入总概算。针对设计单位设计能力、资质等级的审核应引起建设单位的注意，在初步设计阶段保证出具符合深度的水利主体工程和其他专业工程的初设图纸，设计单位应具有相应资质以保证专项工程设计质量。此外，编制单位应成立以其他专业人员为辅、以水工人员为主的概算编制小组，审核水利专业及其他专业概算文件的编制深度，加强概算编制质量管理保证各专业初步设计达到预期要求。

一般地，小型水利工程概算的整个编制工作均由水利设计院牵头完成，在不断提升水利专业技能的情况下，设计院应要求专业人员加强对路桥、市政、建筑装饰等专业造价知识的运用学习，对存在的专业缺陷充分弥补，从而达到概预算越来越高的管理要求。

3.合理规划前期工作，避免预算超概算

偏差较大的"两版预算"也是引起水利工程预算超概算的重要原因，为防止施工图和招标设计图出现明显的偏差，应结合项目总体进度安排合理规划设计阶段工作，在划分时间段时适当增加初步设计及项目勘察的时间，督促设计院掌握周边环境、仔细踏勘现场并编制可行完善的施工组织设计，通过增加招标设计图的设计时间为直接出具施工设计图创造必要条件，最大限度地实现"两版预算"的统一；此外，加强审核勘探设计工作质量尽可能降低"两版预算"的偏差度，建设单位对施工图与招标设计图可能出现重大变更的处罚措施于勘探设计合同中给予约定，最大限度地减少预算超概算的发生。

4.学习概算编制规定，掌握预算编制法概算

编制人员要深刻理解各类费用的含义，全面掌握配套定额以及概算编制办法，认真研读掌握概算定额的附录内容及各项说明，熟悉定额系数使用办法、对应的工作内容及其适用范围，确保各类费用计取完整、规范及定额套用的准确。建设期防汛、大型机械安装拆除等临时工程项目费用应在概算编制中引起注意，未列明的独立费用中其他税费项目以及必然会发生的预估计项目，均应在概算中全年客观地计入，尽量减少漏项的出现。

通过增强全过程造价控制意识及强化概算、预算编制阶段统筹，应尽量避免脱节。例如，加强预算定额中以相应定额编制与概算定额中以配套设施、房屋工程等指标形式编制的统筹，加强包含要素不同预算子目综合单价与概算子目全费用综合单价的统筹，加强不同概算、预算定额水平的统筹，从而保证概算能够有效控制其预算以及概算的全面系统性。

第七章

水利水电工程施工管理的内容

第一节　水利水电施工项目合同管理

水利工程项目建设过程中会涉及很多合同：勘察设计合同、施工合同、建设物资采购合同、建设监理合同等，都是业主和参与的各主体之间明确责任权利关系的具有法律效力的协议文件。由此可见，合同管理周期较长，内容复杂，易受到外界环境的影响而发生变动。如果合同管理方面出现问题，不但会给施工单位造成经济损失，还会影响施工进度。因此要注重并加强合同管理。

一、水利工程施工合同的基础知识

（一）水利工程施工合同概述

1. 水利工程施工合同的概念

（1）概念。水利工程施工合同是指水利建设项目业主和承包商为完成特定的工程项目，明确相互权利、义务关系的协议。承包商应完成合同规定的项目施工任务，业主按合同约定提供必要的施工条件并支付工程价款。

（2）水利工程施工合同法律特征。水利工程施工合同具有以下法律特征：

承包商必须是经国家主管部门审查、核定、批准并具有法人地位的专业建筑安装施工企业或工程承包公司。

水利工程施工合同的签订和履行，有严格的计划性和法定程序。签订水利工程施工合同必须与水利投资计划相适应，同时符合国家基建程序。

水利工程施工合同的主体具有连带的权利义务关系。水利工程涉及设计、采购、运输等多方面，有的大型项目由几个承包商共同施工，有的还有分包关系，各方之间必须通过各种合同确定相互间的权利义务关系，各自对所签订的合同负责。

合同一旦依法签订，受法律保护，具有严肃性、严密性和强制性等特征。

2. 水利工程施工合同的特点

（1）施工合同标的特殊性。首先，水利水电工程规模大，一次性投资额高，稍有不慎就会给国家和人民带来重大损失；其次，工程建设地点分散，野外作业多，施工水文、气象、地形、地质和水文地质等因素的限制很多，这需要在施工过程中不断收集实际资料，校正以往的成果；最后，水工建筑物，特别是河流上的挡水建筑物的质量直接关系到千百万人民的生命财产安全，所以，在施工中必须加强质量管理，注重工程安全。

（2）施工合同履行期长。水利水电工程（特别是大中型工程）的工程量巨大，结构复杂，施工周期较长。大中型工程施工工期少则几年，多则十几年，甚至几十年。这将给施工合同的履行带来很大不确定因素，从而造成合同变更频繁，合同争议和纠纷也较多。

（3）施工合同涉及面广。一方面，由于水利工程施工必须考虑到施工期间河道的通航、灌溉、发电、供水和防洪等方面的要求，必须从河流综合利用的全局出发，因此，施工组织较为复杂；另一方面，由于项目参加者较多，涉及建设单位、设计方、施工方、监理方、供应商、保险、银行、行政主管部门及其他单位，在施工合同履行过程中，任何一方工作失误，都会对合同履行产生影响。因此，发包人、承包人及监理人必须做好协调工作，以保证施工合同顺利实现。

（4）合同风险大。工程项目从立项到设计，都是基于对未来情况理想预测的基础上进行的，但在实施过程中，各方面因素都有可能发生变化，从而导致原定计划、方案受到干扰，使原来的目标不能实现。特别是水利水电工程规模大、技术复杂、持续时间长、参加单位多、与外部环境接口复杂，这些都给工程施工带来很大的不确定性，这就需要在施工中加强风险的识别、评估，确定风险回应措施，尽量减少风险损失。

（二）水利水电土建工程施工合同条件通用合同条款内容

1. 词语含义

词语含义是对施工合同中频繁出现、含义复杂、意思多解的词语或术语作出明确的规范表示，赋予特定而唯一的含义。除在合同条件专用条款另有约定外，这些词语或术语只能按特定的含义去理解，不能任意解释。在《合同条件》的通用条款中共定义了27个常用词或关键词。

发包人：指专用合同条款中写明的当事人。

承包人：指与发包人签订合同协议书的当事人。

分包人：指合同中从承包人处分包某一部分工程的当事人。

监理人：指专用合同条款中写明的由发包人委托对合同实施监理的当事人。

合同文件：指由发包人与承包人签订的为完成合同规定的各项工作所列入合同条件第3条的全部文件和图纸，以及其他在协议书中明确列入的文件和图纸。合同文件是发包人和承包人执行合同的文字依据，以双方签订的协议书中明确列入合同的文件和图纸为准。

技术条款：指合同的技术条款和由监理人作出或批准的对技术条款修改或补充的文件。

图纸：指列入合同的招标图纸和发包人按合同规定向承包人提供的所有图纸，以及列入合同的投标图纸和由承包人提交并经监理人批准的所有图纸（包括配套说明和有关资料）。

施工图纸：指规定的图纸中由发包人提供或由承包人提交并经监理人批准的直接用于施工的图纸（包括配套说明和有关资料）。

投标文件：指承包人为完成合同规定的各项工作，在投标时按招标文件的要求向发包人提交的投标报价书、已标价的工程量清单及其他文件。

中标通知书：指发包人正式向中标人授标的通知书。

工程：指永久工程和临时工程或为二者之一。

永久工程：指按合同规定应建造的并移交给发包人使用的工程（包括工程设备）。水利水电工程包含的永久工程指各类挡水工程、泄洪工程、引水工程、发电厂房和抽水泵房工程、升压变电站工程、航运过坝工程、筏道工程、鱼道工程、灌溉渠首工程、河湖疏浚工程、交通工程、房屋建筑工程和其他永久工程。若临时工程中某项工程（如导流隧洞）按合同规定由承包人建造并需移交发包人，则该项工程对本合同来说，也可视作永久工程。

临时工程：指为完成合同规定的各项工作所需的各类非永久工程（不包括施工设备）。

主体工程：指专用合同条款中写明的全部永久工程中的主要工程。水利水电工程包含的永久工程指各类挡水工程、泄洪工程、引水工程、发电厂房和抽水泵房工程、升压变电站工程、航运过坝工程、筏道工程、鱼道工程、灌溉渠首工程、河湖疏浚工程等。不包括上述永久工程中的交通工程、房屋建筑工程和其他永久工程。主体工程的内容应根据工程的实际情况在专用合同条款中写明。

单位工程：指专用合同条款中写明的单位工程。单位工程的划分可参照水利水电工程设计概算编制办法中项目划分的第二级项目，如混凝土坝（闸）工程、土（石）坝工程、溢洪道工程、泄洪道工程、引水明渠工程、地面厂房工程和地下厂房工程等。应根据工程的实际情况在专用合同条款中列清本合同所包含的全部单位工程项目。

工程设备：指构成或计划构成永久工程一部分的机电设备、金属结构设备、仪器装置及其他类似的设备和装置。

施工设备：指为完成合同规定的各项工作所需的全部用于施工的设备、器具和其他物品（不包括临时工程和材料）。

承包人设备：指承包人的设备。

进点：指承包人接到开工通知后进入施工场地。

开工通知：指发包人委托监理人通知承包人开工的函件。发包人和承包人签订合同协议书后，应在合同文件规定的期限内，由发包人委托监理人签发开工通知。若监理人未按规定期限发出开工通知，承包人有权要求延长工期。

开工日期：指承包人接到监理人按规定期限发出的开工通知的日期或开工通知中写明的开工日。

完工日期：指合同规定的全部工程、单位工程和部分工程完工和通过完工验收后在移交证书（或临时移交证书）中写明的完工日。专用合同条款中规定的完工日期为合同要求的完工日期；在合同实施过程中，工程进度可能提前或拖后，完工验收后在移交证书或临时移交证书中写明的完工日为用以结算的实际完工日期。

合同价格：指协议书中写明的合同总金额。合同实施过程中，由于价格调整和变更等原因，承包人实际得到的金额将不同于此金额。

费用：指为实施合同所发生的支出，包括管理费和应分摊的其他费用，但不包括利润。

施工场地（或称工地）：指由发包人提供的用于本合同工程施工的场所以及在合同中指定作为施工场地组成部分的其他场所。在合同图纸中应有工地范围图，图上应明确标示工地界线和坐标，必要时还可划定承包人营地、弃渣堆放场地和危险物品仓库等分区场地范围。

书面形式：指任何手写、打印、印刷的各种函件，包括电传、电报、传真和电子邮件。

天：指日历天。合同中规定的天数都为7的倍数，不足7天的以小时表示。

2.合同文件

（1）语言文字和法律。本合同使用的语言文字为汉语文字，适用的法律法规是中华人民共和国法律、行政法规以及国务院有关部门的规章和工程所在地的省、自治区、直辖市的地方性法规和规章。

（2）合同文件的优先顺序。组成合同的各项文件应互相解释，互为说明。当合同文件出现含混不清或不一致时，由监理人作出解释。除合同另有规定外，解释合同文件的优先顺序规定在专用合同条款内。

在规定合同文件的优先顺序时，原则上应把文件签署日期在后的和内容重要的排在前面。在专用合同条款内容中提供了以下优先顺序示例：

①协议书（包括补充协议）；

②中标通知书；

③投标报价书；

④专用合同条款；

⑤通用合同条款；

⑥技术条款；

⑦图纸；

⑧已标价的工程量清单；

⑨经双方确认进入合同的其他文件。

以上优先顺序仅供参考，发包人在编制招标文件时，可根据具体情况酌定。

二、水利工程项目合同管理与作用

（一）合同管理

水利工程管理过程中，合同管理是重要的内容和环节。水利工程项目合同管理是关于某项水利工程项目过程中各类合同的依法订立过程和履行过程的管理，包括：各类合同的策划，合同文本的选择，合同条件的协商、谈判，合同书的签署，合同履行、检查、变更、索赔以及争端解决的管理。

（二）合同管理的作用

1. 有利于实现水利工程项目建设与管理目标

合同确定有利于实现施工质量、造价和工期的协调统一。因为合同条款是合同双方在指标达成的基础上签订，所以，加强合同管理有利于合同签订的各方很好地履行合同规定的义务，从而实现水利工程项目建设和管理的目标。

2. 有效确保工程进度

合同管理对于水利项目建设顺利开展具有不容忽视的作用，因为在水利工程项目的实施过程中，易受到人为因素或环境、气候等不可抗力的影响，对施工产生一定的不可预知性，对施工进度产生影响。通过有效的合同管理，可以制约各方按照规划的进程进行施工，保证施工进度；因为如果不按照合同执行，就会承担违约的处罚。因此，合同是各方在施工过程中开展各种活动的依据。

3. 协调各方关系

由于水利工程的特点，施工量较大，涉及的施工单位比较多，施工过程中也会存在不可预测的因素，为了更好地协调各方面的关系，就需要合同来约束和协调。

4. 提供法律保障

合同不仅可以明确项目双方的权利与义务，且作为一项法律文件，具备一定的法律效力与强制性，可以处理水利工程项目实施过程中各种争执和纠纷的法律依据。因此，要加强水利工程项目合同管理，保障合同双方的合法权益，还能促进水利工程在法律范围内有序进行。

三、当前水利工程项目合同管理存在的问题

（一）合同管理意识淡薄

一些企业没有认识到合同管理是企业管理不可或缺的重要组成部分，对合同管理的重要性认识不够；此外，一些水利施工企业，虽然签订了水利工程项目施工合同，但是并没有对施工合同引起足够的重视。因此，导致在水利工程项目合同管理过程中，缺乏完善的合同管理机构；也没有规范合同管理的制度；在机构设置、人员配备和经费等方面更是支持不够；对合同不进行评审就直接签订，不履行应有的签订手续；对合同管理缺乏有效的监督和控制等，直接导致合同管理中出现一些不必要的问题，影响水利工程项目的进度和

工程质量。

（二）合同条款不规范

水利工程投资大、运行时间长、影响因素多，对合同的要求比较高，应根据具体工程项目有针对性地拟定合同条款，要求合同条款严密细致。但是在实际合同拟定中，合同双方对工程项目研究不够深入，对合同条款认识不足，会出现合同条款不全、内容不清、职责不明等现象，为合同的履行及管理埋下了隐患，尤其是在协议和专用条款中用词不当等，影响合同的履行程度。

（三）合同执行不严肃，影响工程实施

水利建筑市场竞争激烈，实际合同履行过程中，许多承包商并不按照合同的条款执行，导致工程所需资源不能及时到位、工程不能按期开工、工程质量问题不断出现等一系列问题；并且在处理这些问题时，不是按照合同规定的规章制度进行，而是借助所谓的关系网和人情来"处理"，加剧了水利建筑市场中不良风气的蔓延，影响水利工程项目按期完工和工程质量，给水利施工行业带来恶性循环。

（四）合作双方沟通欠缺

在水利工程项目实施过程中，合同双方的相关部门由于欠缺沟通，导致不按合同规定履行现象屡见不鲜，延误工期，甚至会影响工程质量。在水利工程项目施工过程中合同管理机构与其他部门缺乏沟通，各自为政，既影响合同管理，又影响工程质量和效率。

（五）合同索赔落实难

合同履行过程中，合同的某一方由于另一方的失职给自己造成损失，应向合同另一方提出补偿要求。然而在水利工程项目实施过程中，由于承包人不敢得罪业主，对索赔事项缄口不言，导致合同索赔落实难。

四、水利工程合同管理的优化

（一）提高法律和合同管理意识

正确认识合同管理在水利项目管理中的重要作用，对合同管理人员适时培训，普及法律知识和合同管理知识。合同管理人员及水利项目参建各方在签订合同时，要先学习相关法律知识，如《水利工程建设项目管理条例》《中华人民共和国合同法》《中华人民共和国招投标法》；还要加强培训提高管理能力和水平，为合同管理真正发挥作用提高保障。

（二）建立和完善合同管理制度

为促进合同管理工作有序开展，应建立和完善合同管理制度，要求全体合同履行人员共同遵循。根据水利项目的特殊性和合同的专业性，建立起相关的合同管理机制，明确规范合同签订流程和标准、合同管理岗位要求、责任归属、奖惩规定等。还要根据水利工程项目的具体情况合理设置合同管理部门，配备专业的高素质合同管理人才，实现"专业人

干专业事"；将合同目标进行分解，做到责任明确。将合同管理切实融入招投标工作、施工建设、运行管理中，实现全过程、全方位合同管理体系，使水利工程实现可持续发展。

（三）推广合同范本，加大合同审查力度

标准、规范的水利合同范本利于当事人更深入了解合同的运行程序，提高合同的公平性、规范性和严密性，保证其法律效力。因此，在签订水利工程项目合同时，要使用合同范本，特别要在合同中明确工程的质量要求、工期、标底、计量方法、计量标准，工程款支付方式，违约责任等，并结合拟建项目的特点予以调整和完善。同时加大合同的审查力度，审查的重点包括：合同内容是否具有法律依据，合同的签订步骤是否满足规范要求，合同是否存在漏项等，以此减少一些不必要的纠纷，提高合同质量。

（四）加强合同管理环节的风险控制

由于水利项目施工工期长，不确定因素多，因此，实施过程中的合同管理尤为重要，加强合同管理环节的风险控制是施工企业内控合同管理的重要举措。对合同风险进行科学预测，对合同工程变更、合同违约、工程索赔等制定行之有效的防范对策，要将风险防范贯穿于整个合同拟定、调整、准备以及签署等环节。针对项目实施过程中发生的各种矛盾纠纷和争端，合同双方应相互谅解，求同存异，选择相关部门予以协商解决，尽量避免诉诸法院，影响项目实施。

（五）抓好合同变更的管理

由于水利工程项目是一项较为复杂的设计工作，且投资大、施工工期较长，具有较多的不确定因素，容易发生合同变更的情况，会导致工期延长，成本提高，因此要加强合同变更的管理。合同变更直接影响工程项目效益，所以必须迅速对合同变更作出恰当的处理。

（六）加大合同实施的检查与监督力度

水利工程施工合同履行过程中，制定相应的合同检查与监督制度；同时建设单位、工程主管部门应当采取定期检查与监督，规范施工合同范围内的各项工作，同时掌握整个施工合同的履行情况。

第二节　水利水电工程项目成本管理

一、水利工程项目成本管理的概念

（一）水利工程建设施工成本

水利工程建设施工成本可以理解为水利工程在项目建设中的施工成本，它包括人工成本、材料成本、机械设备成本、运行成本等各种类型的成本。它包含工程项目建设前、建设中、建设后全方位管理过程中所有支出费用。简单来说，就是水利工程施工过程中，所

有看得见的支出费用相加之和。其他所谓的机会成本和企业的非该项目的支出都不是水利工程建设施工成本。

（二）水利工程建设施工成本控制

成本控制是在可预算估计的范围内，设定成本目标，并在生产过程中控制成本已达成目标的过程。水利工程施工成本控制是指根据水利工程的工期、目标等因素，执行成本控制计划的过程。建设成本是指根据项目的持续时间和目标实施成本控制计划的过程。

水利工程建设施工成本控制通过在项目建设中的监督和协调，来控制施工过程中消耗的人工成本、材料成本、机械设备成本、运行成本等全部成本。水利建筑施工企业实施降低总成本的过程中，会控制在计划成本范围内可能发生的任何偏差，以确保实现目标成本。

根据图 7-1 工期与成本关系，我们可以看到成本与工期的关系，间接费用和直接费用的交叉点就是最佳工期，如果超过工期或者费用太高或太低，工程的效果边际效用递减，都不是最优方案。水利工程建设施工成本控制的广义是指从水利工程开始建设建设前、建设中、建设后每一个阶段进行成本控制；而狭义仅指施工过程中对费用的控制。本文主要讨论广义的成本控制。

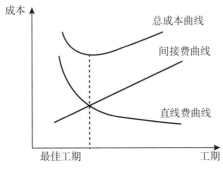

图 7-1　成本与工期关系

二、水利工程成本的构成及分类

水利水电工程按工程性质划分为建筑工程、机电设备及安装工程、金属结构设备及安装工程、临时工程及其他费用五部分。其费用由建筑工程费、安装工程费、设备费、其他费用和预备费构成。建筑工程费和安装工程费是水利水电工程费用的主要部分，它们又由直接费用、间接费用、计划利润和税金组成。

（一）直接费用

直接费用是指建筑安装工程施工过程中，直接消耗在工程项目上的活劳动和物化劳动。由基本直接费和其他直接费组成。基本直接费用包括人工费、材料费和施工机械使用费；其他直接费包括冬雨季施工增加费、特殊地区施工增加费、夜间施工增加费、小型临时设施摊销费及其他。

1.基本直接费用

（1）人工费。人工费是指直接从事建筑安装工程施工的生产工人的工资，工资性津贴和属于生产工人开支范围内的各项费用。

人工预算单价包括的内容：

①基本工资，指生产工人的标准工资和构成基本工资的工资性津贴，如地区津贴、施工津贴、副食品价格补贴、夜班津贴等。

②辅助工资，指开会和执行必要的社会义务期间的工资，职工学习和培训期间的工资，探亲假期间的工资，因气候影响停工期间的工资，女工哺乳期的工资，由行政直接支付的病（6个月以内）、产、婚、丧假期间的工资以及徒工服装补助费。

③工资附加费，指按照国家规定计算的职工福利基金和工会经费。职工福利基金按工资总额的11%，工会经费按工资总额的2%计提。

④劳动保护费，指按国家有关部门规定标准发放的劳动保护用品的购置费、修理费、保健费、防暑降温费、高空作业及进洞津贴费、技术安全措施费以及洗澡用水、饮用水的燃料费等。此项费用按生产工人标准工资的12%计提。

（2）材料费。材料费是指用于建筑安装工程项目上的消耗性材料、装置性材料和周转性材料摊销费。建筑材料是构成建筑物或构筑物实体的主要组成部分。水利水电工程建设中，材料用量大，材料费是构成建筑安装工程投资的主要部分，材料预算价格则是编制工程概、预算单价的重要基础。

材料预算价格的组成材料预算价格，是指材料自供应地运至工地分仓库或相当于工地分仓库材料堆放场地的出库价格。由材料原价、供销部门手续费、包装费、运杂费、采购及仓库保管费、包装品回收价值六部分组成。其计算公式为：

材料预算价格＝（材料原价＋供销部分手续费＋包装费＋运杂费）×（1+采购及仓库保管费费率）－包装品回收价值

预算价格各组成部分的含义及计算材料原价，是指材料在供应地点交货的价格。目前分为国家统一分配调拨价、地方物资管理部门供应价、国家规定的指导价和市场调节价四种。

供销部门手续费，指材料经过物资供销部门所发生的进货、出库、管理费用，按供销部门规定的费率和通过供销部门供应的比例计取。

包装费，指为便于材料的运输或为保护材料而进行包装所需的费用。其费用按照包装材料的品种、价格、包装费用和正常的折旧摊销计算。

材料采购及保管费，指直接由建设单位或施工企业负责采购和保管的材料，在上述过程中所发生的各项费用。其主要内容包括：各级材料的采购、供应及保管部门工作人员的工资，职工福利、办公、差旅、劳保等项费用；仓库、转运站等设施的维修费，固定资产折旧费，技术安全措施费和材料的检验、试验费；材料在运输、保养过程中发生的损耗。材料采购及保管费，不论材料的供应保管方式，其费用均按以下标准计算：

材料采购及保管费＝（材料原价＋供销部门手续费＋包装费＋运杂费）× 采购及保管费费率

采购及保管费费率为 4%，不论材料的供应保管方式如何，其费率均不变动。

（3）施工机械使用费。施工机械使用费是指建筑安装工程施工过程中使用施工机械、运输机械所发生的费用。随施工机械化水平的提高，施工机械作用费在工程投资中的比重逐渐增加。为准确反映工程投资，应准确编制施工机械台班使用费。

施工机械台班费的组成。施工机械使用费以台班为计量单位，故又称为机械台班费，指一个台班中为使机械正常运转所支出和分摊的各项费用之和。它由第一类费用和第二类费用组成。

第一类费用（又称不变费用），一般包括基本折旧费、大修理折旧费、经常性修理及维护费、替换设备及工具附具费、安装拆卸费和机械保管费等。直接以金额表示，不分地区和条件，均不作调整。

第二类费用（又称可变费用），由机上人工费和动力燃料费组成，以台班实物消耗量指标表示。

2. 其他直接费用

（1）冬雨季施工增加费。冬雨季施工增加费是指在冬雨季施工期间，为保证工程质量和安全生产而需增加的费用。包括增加施工工序，增建防雨、保温、排水等设施，增耗的动力、燃料、材料，以及因人工、机械效率降低而增加的费用。

西南、中南、华东　　　　0.5% ~ 1.0%

华北　　　　　　　　　　1.0% ~ 2.5%

西北、东北　　　　　　　2.5% ~ 4.0%

西南、中南、华东地区，按规定不计冬季施工增加费的地区取小值，计算冬季施工增加费的地区可取大值；华北地区的内蒙古等较为严寒的地区可取大值，其他地区一般取中值或小值；西北、东北地区的陕西、甘肃等省取小值，其他省、自治区可取中值或大值。

（2）特殊地区施工增加费。特殊地区施工增加费是在高海拔和原始森林等特殊地区施工而增加的费用。其高海拔地区的高程增加费，按规定直接计入定额；其他特殊增加费，如酷热、风沙，应按工程所在地区规定的计算标准，列入其他直接费。地方没有此项规定的，不得计算此项费用。

（3）夜间施工增加费。夜间施工增加费是指施工建设场地和公用施工道路的照明费，按基本直接费的百分率计算。其中建筑工程为 5%，安装工程为 7%。

（4）小型临时设施摊销费。小型临时设施摊销费是指为工程正常施工在工作面发生的小型临时设施摊销费用，如脚手架搭拆、一般场地平整、风水电支管支线架设拆除、场内施工排水、支线道路养护、临时茶棚休息棚搭设等。

小型临时设施摊销费，按基本直接费的百分率计算。其中建筑工程为1.5%，安装工程为2%。

（5）其他费用。其他费用包括施工工具、用具使用费，检验试验费，工程定位复测费，工程交点费，竣工场地清理费，工程项目及设备仪表移交生产前的维护观察费。

其他费用，可按基本直接费的百分率计算。其中建筑工程为1.6%，安装工程为2.4%。

（二）间接费用

间接费用是指为组织和管理工程施工而发生的并非直接消耗在工程项目上的有关费用，以适当的分配方式摊入各分部分项工程成本。

1.间接费用的组成

间接费用由施工管理费和其他间接费用组成。

（1）施工管理费。施工管理费是指为组织和管理工程施工所需的费用。主要包括工作人员工资，职工教育经费，办公费，差旅交通费，固定资产使用费，管理部门工具、用具使用费和其他费用。

工作人员工资指施工企业的行政、经济、技术、试验、测量、警卫、消防、炊事和勤杂人员以及管理部门汽车司机的基本工资、辅助工资、工资附加费和劳动保护费。但不包括从材料设备采购保管费、职工福利基金、工会经费、营业外支出中开支的人员的人工费。

职工教育经费指施工企业为在职职工举办的电大、夜大、函授、职工学校及其他形式的培训班所发生的公务费、业务费、兼课教员酬金、实习研究费、零星设备购置费及委托外单位代培的费用等。在工资总额的1.5%范围内掌握开支。

办公费指管理部门办公用的文具、纸张、账表、印刷、邮电、书报、资料、学习材料、会议、水电、职工饮水和集体取暖（包括现场临时取暖）等费用。

差旅交通费指职工因公出差、上下班交通与调动工作（包括随迁家属）的差旅费（包括工地交通费、职工探亲路费、路途补助费），职工离休、退休、退职的一次性路费，工作人员就医路费，以及管理部门使用的交通工具的燃料费、养路费、车船附加费、使用税、保险费等。

固定资产使用费指管理、试验、测量、质量检验等部门，使用属于固定资产的房屋、设备、仪表等的基本折旧费、大修理折旧费、维护修理费、租赁费以及房产税等。

工具、用具使用费指行政管理部门使用的不属于固定资产的工具、用具、仪表、家具等的购置费、摊销费、维护费。

其他费用指除上述六个项目以外，仍属于施工管理费用范围的其他必要的费用支出。例如，施工建设期内的煤、粮及菜运输差价的补贴，设计收费标准未包括而应由施工企业负责的部分临时工程的设计费，施工建设期内的环保措施费用，工程图纸资料费及工程摄影费，定额测定编制费，投标报价费，清洁卫生费，民兵训练费，计划生育手术费，临时工管理费，规定应由施工企业上交的管理费和印花税等。

（2）其他间接费。其他间接费包括劳动保险基金、施工队伍调遣费和流动资金贷款利息三项。

劳动保险基金指施工企业由职工福利基金开支以外的，按劳保条例规定的离退休职工的费用、6个月以上的病假工资，以及按照上述职工工资总额提取的职工福利基金。

施工队伍调遣费指施工企业根据建设任务的需要，派遣施工队伍，由原建设地点或基地迁往施工所在地以及返回基地发生的搬迁费用。主要包括：用于施工、施工管理及生活福利所需的设备、工具、用具、仪表和周转性材料的运杂费，调遣职工及随迁家属的差旅费，以及职工调遣期间的工资等。

流动资金贷款利息指施工企业按照合理工期，提前备料和组织施工，按规定额度向银行贷款而需支付的流动资金贷款利息。

2.间接费的计算

间接费的计取方法，目前主要有两种：一种是以工程的直接费为计算基础，按规定的百分率计取；另一种是以直接费中的人工费为计算基础，按规定的百分率计取。

（三）计划利润和税金

1.计划利润

计划利润是指施工企业按统一利润率计算的利润。计划利润率，不分建筑工程和安装工程，均按直接费与间接费之和的7%计算。

2.税金

税金是指国家对施工企业承担建筑、安装工程作业收入所征收的营业税，城市维护建设税和教育费附加。

（四）设备费

设备费包括设备原价、设备成套服务费、运杂费、采购及保管费和设备储备贷款利息五项。

1.设备原价

国产设备，以出厂价为原价；进口设备，以到岸价和进口征收的税收、手续费、商检费、港口费之和为原价。大型机组分块运至工地的拼装费用，应包括在设备价格内。

2.设备成套服务费

设备成套服务费，由国家投资的建设项目收取设备原价2%；部署集资、煤代油、节能、地方的自备电厂的建设项目，收取设备原价的 5%；非指令性计划的建设项目，收取设备原价的 0.2%；自筹资金的老、少、边、穷地区可酌情予以减免。

3. 运杂费

运杂费是指设备由厂家运至工地安装现场所发生的一切运杂费用，主要包括调车费、装卸费、包装绑扎费，以及其他可能发生的杂费。设备运杂费，分主要设备和其他设备，按占设备原价的百分率计算。其他设备运杂费，工程地点距铁路线近者费率取小值，远者取大值。

设备由铁路直达或铁路、公路联运时，分别按里程求得费率后叠加计算；如果设备由公路直达，应按公路里程计算费率后，再加上公路直达基本费率。特大（重）件运输的道路桥涵加固措施费未包括在内。表中的费率标准未包括新疆、西藏地区，应视具体情况另外计算。

4. 采购及保管费

采购及保管费是指建设单位和施工企业在负责设备的采购及保管过程中发生的各项费用，如表 7-1 和表 7-2 所示。

表 7-1　主要设备运杂费率（%）

设备分类	铁路		公路		公路直达基本费率
	基本运距（1000km）	每增运（500km）	基本运距（50km）	每增运（10km）	
水轮发电机组	2.21	0.40	1.06	0.10	1.01
主阀、桥机主变压器	2.99	0.70	1.85	0.18	1.33
120000kva 及以上	3.50	0.56	2.80	0.25	1.20
120000kva 以下	2.97	0.56	1.68	0.10	1.20

表 7-2　其他设备运杂费率（%）

类别	适用地区	费率
I	北京、天津、上海、江苏、浙江、江西、山东、安徽、湖北、湖南、河南、河北、广东、山西、陕西、辽宁、吉林、黑龙江等省、直辖市	5～7
II	甘肃、云南、贵州、广西、四川、福建、海南、宁夏、内蒙古、青海等省、自治区	7～9

采购及保管费主要包括：

采购保管部门工作人员的基本工资、辅助工资、工资附加费、劳动保护费、教育经费、办公费、差旅交通费、工具用具使用费等。

仓库、转运站等设施的检修费，固定资产折旧费，技术安全措施费和设备的检验、试验费等。

采购及保管费，按设备原价、设备成套服务费、运杂费之和的 0.7% 计算。

5.设备储备贷款利息

设备储备贷款利息是指为购置永久设备向银行贷款而支付的利息。设备的储备期，大型工程按 2 年计算，中型工程按 1～1.5 年计算。设备储备贷款利息年利率，执行国家规定。

计算公式：

设备储备贷款利息＝设备原价＋设备成套服务费＋运杂费＋采购及保管费 × 年利率 × 设备储备期（年）

三、水利工程建设施工成本控制的方法

（一）水利工程建设施工成本控制的原则

1.全面控制原则

全面控制原则即全过程、全员、全方位成本控制。

全过程控制，是从水利工程建设项目的建设准备阶段，到竣工验收，再到保修期末的整个过程，必须对整个过程中的每一项经济业务进行成本监控。

全员控制，就是要求全企业、全项目的工作人员都要参与到成本控制的计划中。因为成本控制涵盖了水利施工企业的各个方面，实现预期的成本控制目标不仅涉及财务部门，还涉及企业所有部门的协同合作，所以更需要企业各部门和每个员工的参与。

全方位控制，要求水利建筑企业从社会的长期利益出发，更多关注企业未来的发展，及时同当代水利施工技术更新迭代接轨，适时维护、更新设施设备，运用新工艺、新技术提高水利工程的生产效率和生产质量，严格进行成本控制。

2.动态控制原则

水利工程建设项目具有一次性特点，建设项目准备阶段的重点是制订成本控制计划，竣工验收阶段的重点是计算损益和总结建设项目的经验。在项目实施阶段，由于建设项目周期长，有必要根据建设阶段和各种内外部环境及时调整成本控制计划，以达到项目管理的目的。

3.目标管理原则

水利建筑企业的目标管理原则是施工成本控制的最基本手段和方法，在水利工程整个建设过程中也应遵循这一原则。水利建筑企业应根据建设项目各个阶段的条件制定具体目标，并根据目标，结合当前市场和企业环境调整相应的计划，最终成功完成工程建设并最大限度地提高公司的经济效益。

4.权、责、利相结合原则

为了在水利工程建设中进行有效的成本控制，有必要弄清企业所有部门和员工在成本管理过程中的职责，建立健全的成本管理责任制。总体上计划和细分"权利、责任和利益"，使权利和责任共存，可以使人在秩序中获得自由，就像管理水利工程项目的成本一

样。负责部门和管理者被赋予适当的权力，可以在其管辖范围内充分行使权力并承担更多责任。在此基础上，建立相应的薪酬制度，建设项目应形成自上而下和自下而上的监督网络，并定期对项目经理和成本管理部门进行绩效评估。只有将权利、责任和利益相结合，将绩效与工资和奖金相关联，并明确定义奖励和罚款，才能激发员工的积极性和主动性，并推动成本控制。

5. 例外管理原则

该原理意味着在水利工程建设过程中，如果实际成本与目标成本之间的差在可控范围内，则无须逐项分析。对于差异太大或出现差异频率很高的情况，必须及时处理，找出原因，并采取相应的措施，及时纠正。

（二）全过程成本控制方法

实现水利工程建设项目的成本目标，现阶段有很多有效的理论方法。笔者主要介绍定额控制法、目标成本控制法以及挣值法。

1. 定额控制法

定额控制法是指企业以生产工作过程为参考，将成本控制中的人工成本、材料成本、机械设备成本等必需的所有成本，设定一个额定的量。就像一个锚定的数据，在水利工程施工过程中，以这个数据为基准来进行成本控制和核算。它是水利建筑施工企业建设项目成本控制的基础。随着国家对水利工程投入不断扩大，相关政策也不断地完善和发展，新理念、新要求、新材料、新工艺、新技术在水利工程中不断涌现，水利建设模式和管理机制不断深化，现代工程管理深入推进，特别是水利工程管理方面的质量提升行动和标准化、信息化等新的要求，定额修编是非常必要和紧迫的。根据市场变化情况定期地进行定额修编，新的编规和新的系列水利定额发布后，为更好地为水利建设项目服务，明确以下管理方向。制定各种定额必须具有足够的技术和经济基础，并使用合理且经济的科学方法来确定，以便大多数员工可以自己努力达到最高水平，从而监测和评估项目建设过程中的绩效。

2. 目标成本控制法

目标成本控制法，顾名思义，就是设定一个目标成本，以这个目标为方向，控制整个施工成本。目标就像灯塔，成本控制就像一艘轮船，项目施工过程中，成本控制有可能会偏航，这时需要及时调整方向，通过对成本目标的锚定，最终达到成本控制的目的。它是成本预算时就设定好的指标，能够确保实现水利建设项目成本控制的目标。

3. 挣值法

挣值法，又称为"挣值法"或"偏差分析法"，是一种综合性的管理方法，将水利建设项目的工期管理和成本控制有机地结合在一起。挣值法主要对水利工程施工过程中，可能出现的建设延误和成本超支进行预测。它通过分析进度偏差、成本偏差、进度绩效指标和成本效益指标，同时结合预算、计划、施工实际情况核算出的三个成本，开展对照及解析，达到成本控制的主旨。如果在施工过程中，出现成本控制偏差，可以提出方案措施及时纠正控制施工情况、工期和成本。挣值法适用于中小型水利工程的成本控制，以工程量清单为依据进行预测分析，能够为水利工程的工程量提供可靠的计量。

（三）成本费用控制方法

1. 直接成本控制

直接成本控制主要包括人工费、材料费、机械设备费的控制。

第一，直接成本中最重要的就是控制人工费用。人工成本约占项目总成本的 1/10，人工单价主要由市场条件决定，无法使用固定价格管理这些成本。在项目建设过程中，企业需要做到以下几点：其一，要精选综合素质高的管理人员，合理筛选施工队，做好人员合理分配，不要出现窝工等现象。其二，适当使用一些市场上的临时工人可以降低固定人工成本。其三，可以按照"按劳分配、多劳多得"原则，采取计件结算方式，在一定程度上激励员工加快工作进度；还可以采取设定日基本完工量，超出完成的工作量多计发工资，不能完成的工程量扣罚工资。多参考一些绩效评估管理制度，对表现良好的员工进行奖励，对表现不佳的人不仅进行批评，还应给予一定程度的经济处罚。其四，还可以将少量管理人员分配到多个职位，可以提高工作效能。

同时，还可以使用以下几种方法进行人工费用控制：

提高薪资水平吸引优秀的管理人才。现代企业管理体系中，收入是最重要的要素之一，员工也将受到收入的限制。要确保薪资水平可以吸引人才，水利建筑企业才可以在市场上占有一席之地，才能够拥有企业竞争力。这一理论认为，加大对人才薪资水平的投入，从而吸引管理人才和技术人才，能够在水利工程建设施工过程中，解决大多数且棘手的问题，这样可以避免因各种预测或不可预测的情况造成的质量、进度、安全等问题。

人工成本的控制目的要明确。结合上一个观点，人工成本的控制目的要非常清晰和明确，才能有的放矢，进一步提升成本控制的效能。其实，人工成本和公司利润在一定程度上是对立矛盾的两面，提高人工成本，自然会增加水利工程建设施工的成本。实际上，企业的利润也是所有员工一起努力得来的。越是压低人工成本，意味着人力资源在市场上的评价不高，真正有本事的人才自然是不会流入的，能接受这样低廉薪资的人，他在市场上的评价不会很高，等到他通过工作学习、提升了技能和综合水平，自然会流入能够提供更高薪酬评价的公司。如果只看重眼前的直接成本增加，用降低人工成本的方法，实际上是不可取的。企业的管理者首先要弄清楚企业目标、项目建设目标，有的放矢地提高一些管理和技术人才的薪酬，对不合时宜的人员可以进行减低薪酬或裁员处理，才能打造一支高效、精准的队伍，从而提高水利建设工程施工成本的控制。

人工成本要进行合理统计。目前，水利行业中，只有少数建筑企业进行人工成本统计，有些企业甚至从未开始统计，然而统计后的数据使用价值很小。所以，水利行业还未形成标准化的规范和制度。相应部门和机构必须及时将这些统计数据纳入统计系统，以构成劳动工资统计的一部分，并进行某些具有实际意义的统计和比较。应当根据财务计划和财务分析数据比较人工成本统计数据，并将其汇总成一份综合报告，统计数据和计划数据应相对独立。同时，应在财务预算和专业会计方法上形成统一的结果，国家有关部委应当发布与商业投资有关的劳动成本统计数据，制定劳动工资标准并定期在社会各界公布，以便国内外公司也可以有基础。

劳工成本比较。在人工成本上，开立专用工资账户独立核算。过去在完工验收核算中，人工成本的计算太过分散导致许多统计问题，统计结果不准确。为了提高统计数据的准确性，有必要建立一个单独的人工成本账户，例如农民工实名制工资专用账户。农民工工资专用账户是国家大力整治的问题，将该项和成本控制相融合，拓宽成本控制的项目范围。把农民工实名制账户的所有数据进行整合，可以清楚记录公司所有员工信息，方便统计并进行人工成本核算和调整。

科学地规划人工成本控制。第一步就是要研究社会劳动力成本，对市场劳动力薪酬水平、职业技能水平等进行调研分析。并且建立数据、指标来具体分析，科学合理地解释和制定统计方法，完善劳动成本管理控制的方法，使公司合理地控制成本。通过对使用的人员职业技能水平、薪酬评价水平和市场平均水平进行对照分析，在项目建设施工时，做出科学合理的薪酬评价，并进一步完善成本控制的评价水平和结构。

通过先进技术或设备提高工作效率。为了降低施工成本，除上述方法以外，还可以通过引进先进技术或设备，代替人工或减少人工使用率，机械设备不管是租赁还是使用，使用成本都是相对固定的，一次投入可以使用很长一段时间。国外的劳动力成本控制水平之所以高于我国，是因为他们使用机械化程度比我们高，因此，同样的时间水平产出更高。他们对机械设备的依赖也很高，这正是应用先进技术和设备提高工作效率的实例。通过使用先进技术和设备提升工作效率，是降低人工成本的最优方法之一。

根据现代企业发展及时更新人力资源管理水平。现代企业发展瞬息万变，及时更新人力资源管理水平是非常必要的。企业人力资源管理的第一步就是要做好薪资分配和奖惩制度，一定要遵循效率优先、兼顾公平的原则，必须考虑劳动者水平和劳动力成本的实际情况。社会上一般的劳动力成本水平也应该用于公司资本的生产。在现代趋势下建立完整的企业分配机制的重要参考依据。用于减少人员数量，提高人员素质，减少机器的人工成本以减少人员工作量并提高生产水平。

第二，材料费通常占整个水利工程施工成本的 60% ~ 70%，比重相当之大，因此在水利工程建设施工环节多次强调控制材料费成本。

施工准备阶段，在采购前先选择材料供应商，充分了解市场物料报价后，再对比材料的规格质量，选出性价比最高的报价进行采购。还要挑选可靠且有经验的专业技术人员来检查和接收材料，并根据项目预算，制订材料使用计划，从而降低原材料消耗率，达成成本控制的目标。在实际操作中要强调工作人员严格检查材料质量和数量。同时，可在施工现场附近安装监测，发现问题应停止处理，并在昼夜安排专职值班人员，以防材料被盗。此外，还要经常组织施工涉及的各个部门，开展督导和学习，提高材料管理人员的专业知识，从根本上加强材料管理。根据施工进度提前做好材料的进场、运输时间表，有效地提升材料的运转率和使用率，这样能大大缩减材料成本，实现成本控制目标指日可待。

第三，加强对机械设备费的控制。

从长期的成本核算来看，机械设备成本占水利工程建设成本的 5% 左右。但是，实际成本超支非常严重。因为通常实际机械设备购买或租赁的费用价格高于固定价格，机械设备费的实际成本超过预算成本是常见现象。

如何最大限度地利用机械设备，降低机械使用成本，是一个非常重要的问题。水利建筑企业要强化自身协调能力，组织加强机械设备管理。在施工期间，提前对机械设备的进场和使用情况进行规划，降低机械设备的空置率，使用时要准时准确准点。机械设备使用完毕，要及时撤出，定期对机械设备进行检查，做好检查登记工作，避免机械设备运转事故的发生。通过提高机械设备的运转效率，加强机械设备的管控，节省机械成本，控制改进水利工程施工成本控制，为企业提高水利工程利润率。

控制建筑机械设备成本有如下方法：

根据施工组织设计安排的工程施工进度计划，提前 3 天组织需要使用的机械设备逐步进场，合理有效地组织使用施工机械设备。这样可以加速机械设备的运转效率，提高机械设备的使用率，降低机械搬迁成本。

通常很多项目都会对设备进行租赁管理，签订设备租赁合同约定好租期和进出场计划，这样就不会使机器经常闲置，降低机械设备费用，该方法现在被广泛使用。

加强员工机械操作培训。针对机械设备的操作员，要根据国家相关政策和要求，选择具有上岗证书的操作人员，并根据机械设备使用规定，规范机械设备操作员的操作行为，以免在使用工程机械时出现错误操作或产生非技术影响，避免延误工程进度。同时，还应将机械设备操作员纳入薪酬考核评价体系。

定期对设备进行维护并登记好修护保养记录，有时施工现场有连续作业的情况，要根据机械设备的使用强度、运行磨损情况和维护水平，适时增加或调整运行维护工作，这样可以增强机械设备的使用寿命。另外，对易损的零部件在采购时可以多购置一些，在遇到损坏时可及时更换，保障施工进度的正常推进。

水利项目因为选址偏离城区常常需要自建电网，这样成本较高，现在基础设施建设相对完善，可根据实际情况进行对比，酌情使用当地电网。

2. 间接成本控制

在水利建设工程中，间接建设成本通常占总成本的 11%，其中包括成本误差、诉讼成本和建筑公司其他成本的罚款。这就要求在日常建设程序中，做好水利工程施工进度控制、质量成本控制、施工安全控制，必须严格做好各项控制管理工作。

第一，施工进度控制。水利工程建设项目的建设进度不仅直接关系到项目的总体建设周期和总体布局，还影响着导流、度汛及蓄水发电等主要目标的组成和控制。施工进度控制是工程建设管理的核心任务之一。在执行进度计划期间进行监视可以确定是否存在进度偏差，从每个任务的开始和结束时间、先后顺序、持续时间、总工期以及流水作业的情况来衡量比较。如果发生进度偏差，则有必要通过分析偏差对后续工作和整个施工周期的影响来确定是否以及如何调整进度计划。

第二，施工质量控制。当前，受规模大、施工条件复杂、影响因素多等情况限制，水利工程建设现阶段难以实现施工质量的实时监控，通常以人工控制为主要手段。水利工程建设质量管理的主要方法和手段包括现场质量监督、测量方法、抽样测试、实时监测等。

现场质量监理：通过对现场施工进行实时跟踪、监督进行质量管理，建立问题台账，清理问题清单，可以大大避免质量缺陷和质量事故。设置质量检查员，如果发现存在问题，质量检查员可立即要求施工经理采取措施并实时纠正任何偏差。同时，现场质量监督员为现场施工提供技术指导，在施工过程中不断解决施工技术问题，确保施工顺利进行，大大提高了施工进度和质量保证。

测量方法贯穿于水利工程建设管理的整个过程。例如，在打开用于水坝建设的仓库表面之前，测量员必须测量并放样仓库表面，以提供进行仓库表面设计的先决条件。在建造仓库表面时，有必要嵌入设备，冷却液管道并预留注浆孔。仓库表面施工完成后，有必要进行定位预防和纠正偏差的定位，并通过测算方法确定并接受与大坝工程有关的参数。

抽样测试：在水利工程建设项目过程中，每个项目质量评估的关键依据是实验数据，例如原材料的含水量和泥浆含量，混凝土的抗拉强度和抗裂强度。常用的采样测试方法主要有：原材料质量采样测试，锚杆拉伸测试，混凝土物理测试，声波测试，混凝土温度控制，RCC 压缩测试等。

实时监测：在水利工程建设施工过程中，对所有环节和程序进行实时监督和控制，以确保高水平的施工质量，同时可解决抽样试验的滞后性问题。利用先进的监测方法，实时采集和分析施工质量管理指标，最后对发现的时间偏差进行修正，以达到施工质量管理的目的。同时还可以进行流程化、常态化管理，对施工项目进行逐项分析，严格把关施工各项进程，真正细化贯彻到每日进度执行中，当然，这也不是完全"机械化"的，还可以根据实际情况调整施工工艺和工序，因地制宜保障施工平稳顺利推进。

第三，施工安全控制。水利工程建设中影响安全的因素很多，例如施工环境、安全管理等都是重要因素，要做好施工安全控制，就要保证各种设备和施工过程安全的有效运行。施工安全分析的关键是根据工作特点合理组织运用适当的分析方法，进行安全分析，提高工作场所安全管理水平。施工安全控制可以通过安全检查表法、风险和可操作性调查、预危害分析法、失效类型影响和风险分析、运行状况风险评估法等方法进行。

第四，施工成本与进度、质量、安全相互协调、相互促进。水利工程的施工质量是在日常建设过程中体现的，而不是最终在检查过程中出现的。施工成本与进度、质量、安全控制管理涵盖了整个项目，它们相互协调、相互促进。在预防、控制和检查实际进度之后，强化质量控制的意识，加强了反馈信息的收集，并且始终在质量控制管理要求的范围内，合理确定潜在风险、风险等级，然后采取相应的预防措施，以防安全事故的发生和经济损失，这样做既争取了工期节省时间成本，又把质量、安全落实到水利工程施工的每一个环节，大大减少了间接成本，提高了水利建筑企业的成本控制综合水平。

3. 其他费用的成本控制

除以上列举的费用以外，还有一些其他的费用成本，这类成本项目繁杂，具体操作时要具体情况具体分析。因此针对其他费用笔者认为需要注意以下几点：

合理安排每个细项的建设资金调度。严格遵守既定的水利工程施工进度，根据进度情况科学、合理、稳定地使用资金，优化资金安排比例，从而降低水利工程施工成本。

提高现场人员施工安全意识，定期组织人员进行安全培训学习，进一步加强施工过程中的安全监督管理，坚持"零事故"的安全目标管理宗旨，降低安全隐患，将安全事故苗头扼杀在萌芽之中。

近年来，"矽肺病"等职业病逐渐引起人们的重视。特别是水利工程建设工地上，要严格按照国家施工作业标准，配齐配备各种防护用品用具，并组织员工学习提升安全操作技术。进一步加强职业病的预防，还需要给员工购买保险等。

在单元工程完工后，要快速安排组织施工队伍退场，并在退场之前清理施工场地，退回剩余的机械设备，收回多余的施工材料并做好登记管理，同时检查后续的施工计划，对不需要的施工人员进行合理安置裁减。

针对节省办公室、交通和差旅费用等后勤二线部门，应该做好激励和绩效评估，以便控制成本。

加强审批和报销制度，核算审批好每一笔报销和支出。

（四）水利工程成本控制的步骤

水利水电工程建设的成本控制步骤，是非常关键的部分，成本目标的实现还需要一个好的执行方案。它关乎水利工程的实际盈亏，好的步骤可以有效降低水利工程施工的执行成本。在具体执行中水利工程成本控制包含的步骤如图 7-2 所示。

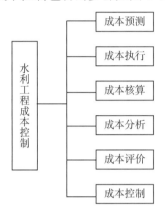

图 7-2　水利工程成本控制的步骤

水利工程成本控制核算包括：成本预测、成本执行、成本核算、成本分析、成本评价和成本管理。报告的编制和成本控制按以下程序进行：商务部会同项目经理部、成本管理部等有关人员，制订水利工程施工成本控制计划，并设定成本目标。

项目经理部门执行目标成本，商务部和财政部合作。物料部门、生产管理部门和成本管理部门共同审核和批准项目成本报告，并监控目标成本的执行情况。项目经理部、生产管理部、合同预算部、工程财务部分析和评估成本控制反馈信息。按以下程序进行：项目部承包项目后，根据水利工程的特点和施工组织设计，由造价编制人员编制人工、材料、机械的成本预算计划，交预算部门进行审核备案。项目部根据计划成本，按成本项目制定出目标成本，财务部门会同商务部、生产管理部以计划成本和目标成本为依据对成本实施控制。

推动水利建筑企业建立严谨高效的成本控制体系。公司的成本控制体系包括三个相对独立的控制层级，每个层级相互独立，又相互合作。第一级是限制项目部门和成本执行人员之间的相互牵制，并建立预防性的监控防线。第二级是需要向相关员工完成工作时阐明他们的权利和责任。第三级是由水利施工企业公司领导层直接管辖，并进行独立财务核算的审计、监督和纪律检查团队。由这三个层级构成的成本控制系统将预防、阻止、调查，并逐步监督和控制水利工程施工过程，这对于及时发现、预防和解决施工过程中的运行和会计风险至关重要。

水利工程建设施工成本控制的重点是具体的执行过程。"控制"需要对每个要素负责，并按照相关的系统和法规对偏差进行处理。它贯穿于整个建设施工过程，必须时刻坚持成本控制的原则和目标，并对实际情况进行调度和处理，才能取得满意的结果。

机械设备成本控制是整个体系中的一个关键节点。成本控制人员要监督具体操作人员，有时成本控制人员甚至是操作员，设备组长要调整好机械设备的班次配额，编制统计独立机器的型号和对应的专业操作员，同时进行前期评估和过程中控制和后评估，以提高机器效率和更改尝试以超过配额。还要做好机械设备的维护和保养。

成本控制中人工成本和现场管理不能忽略。在建立项目管理机构时就要对机构人员进行规划和定员定岗，特别要针对娱乐、旅行、办公室和其他杂项等间接费用，注意以上项目支出的合理性，坚决严格遵守报销审批制定，这样才能控制工程施工成本与其他成本之间的关系。

第三节 水利水电工程进度管理

在水利水电工程施工建设中，合理提升施工进度管理水平，既能提升施工企业的诚信度，又能达到预期投资结果和施工期限的要求。对提升水利水电工程的经济效益和社会效益有重要意义。此外，水利水电工程施工具有很强的系统性，对施工进度管理有很大依赖性，基于此，开展水利水电工程的施工进度管理显得尤为重要。

一、施工进度计划简介

施工进度计划是工程建设的纲领性文件，虽然它是施工组织设计的一个组成部分，但施工组织设计的其他工作都是围绕施工进度计划进行的，其目的就是确保进度计划有序顺利进行，以使工程项目的各项工程内容能够在规定的时间内正常开工和完工。

施工进度计划按工程规模编制，可分为总进度计划、单位工程施工进度计划、分部分项工程进度计划。总进度计划规定总体工程开工准备的时间以及总体工程和组成总体工程的各单位工程的开工和竣工时间；单位工程施工进度计划规定及单位工程和组成单位工程的各分项工程的开工和竣工时间；分部分项工程进度计划规定分项工程和组成分项工程的各工种施工工程的开始时间和完工时间。

施工进度计划按时间编制，可分为年度进度计划和季度（月、旬、周）进度计划。

施工进度计划按编制方法，可分为横道图法和网络计划。

横道图法是由美国机械工程师和管理学家亨利·甘特于1910年发明的，甘特图被用于包括美国胡佛水坝在内的大型生产计划中。甘特图又称为生产计划进度图，由于它以横轴表示项目的开工时间、持续时间和完工时间，纵轴表示项目，很直观地反映了同一时间段各项工作的时间搭接程度，合同工种施工的相对施工强度，自发明之日起一直沿用至今。在国内生产计划使用中人们习惯称为横道图。

网络计划技术，可分为关键路线法（Critical Path Method，CPM）和计划评审技术（Program Evaluation Review Technique，PERT），它们分别由美国杜邦化学公司（1957年）

和美国海军武器局特别规划室（1958 年）独立完成。两者的区别在于 CPM 的每一活动时间是确定的，而 PERT 的每一活动时间是基于概率估计。

网络图是由若干个圆圈和箭线组成的网状图，CPM 采用以圆圈表示活动的节点型网络图，PERT 采用以箭线表示活动（或称为作业、任务、工序）的箭线型网络图。网络图可使整个施工项目及其组成部分之间的前后施工顺序一目了然。

二、水利水电工程施工进度管理的特点

（一）风险性

水利水电工程施工技术水平和质量对我国水利水电事业持续稳定发展有极其重要的作用。通常情况下，水利水电工程由政府投资建设，建筑规模比较大、周期长、范围广。就水利水电工程自身特性而言，影响施工进度管理的因素比较多，如国家政策、现场水文地质条件、施工材料供应情况、地震、泥石流等。这些影响因素普遍具有很强的不确定性，任何一个方面发生问题，都会影响施工进度，因此，水利水电工程施工进度管理具有一定的风险性。

（二）多层性

和建筑工程相比，水利水电工程施工难度更大，对施工技术、施工工艺、施工管理等有更高的要求。因此，水利水电工程施工进度管理有多层性特点，在具体管理上需要根据施工任务量和施工时间的需求，以客观标准为基础，进行分层次管理。此外，水利水电工程施工任务比较大，参建工种多，需要先分解施工内容，然后制订科学合理的施工进度管理方案，确保施工单位能够按照施工标准完成施工计划，保证施工任务按时完成。

（三）灵活性

影响水利水电工程施工进度管理的因素可划分为两类，一类是人为因素，另一类是非人为因素。针对人为因素的影响施工进度管理人员可以采用合理的方式进行规避，例如，制定奖惩制度，端正施工人员的施工态度，确保各项工作都能按照相关规划和标准顺利开展。而非人为因素属于一种不可抗因素，在施工进度管理时要秉着"以人为本"的原则，将非人为因素的影响降到最低，控制在工程建设要求允许的范围内。

三、水利工程施工进度控制的方式

为了保证水利工程的质量，有关部门工作人员要有序地规划、组织、监督、管理和控制水利工程建设。以最少的人力、资源、资金以及其他投入对最大的经济以及社会利益加以实现。同时，有关部门需要采用相关措施，加强水利管理和控制的建设进度。

（一）制定科学合理的施工进度表

水利建设时间表是水利建设的基础，只有在施工时科学适宜地保障施工进度才有很好

的指导意义，有关部门需要在具体施工建设的基础上对可能产生的多种因素时间表进行考虑。水利工程施工进度可将整个进度和工程进度分为两部分，整体进度可分为若干小时间段，使施工人员参照施工计划周期完成相关任务。

（二）完善水利建设技术

水利工程相关的施工技术不仅会对水利工程自身的施工进度造成重要影响，同时还会对水利工程自身的质量以及人们平日的生活产生不同程度的影响。水利工程本身的建设技术在水利工程建设上也有十分积极的作用。有关部门应加强施工人员在技术上的培训，积极地对施工人员的技术水平给予适当的提升，同时相关部门还需引进高层水利建设技术人员，按照科技发展情况更新水保护施工方式以及施工技术，保障工程进度，从而对工程质量加以提升。

（三）提高安全控制

"安全第一"是水利施工的指导思想，及时排查与处理安全隐患，对水利可持续运行具有保障性作用。因此，施工单位要结合配合比特点，提前拟订可行的配合比设计与强度控制方案，确保各类工程按照预定标准施工。由于地质环境的特殊性，配合比是水利结构工程改造常见问题，其不仅关系着水利结构的稳定性，配合比不当还会对水利设施产生巨大的危害性。

（四）加强结构控制

为了保持水利施工进度与效率，施工单位必须按照预定要求拟订配合比方案，结合水利强度指标要求进行控制，从而提高整个水利区域的结构性能。随着水利工程建造方案的多样式改革，灵活应用各种施工方法成为水利结构配制与施工处理的新思路，且对水利结构层具有很强的加固作用。结合水利工程特殊路基区存在的病害风险，提出符合水利结构性能标准的针对性施工方案。

（五）合理应用进度控制方法

施工进度控制方法类型较多，包括横道图法、网络图法、前锋线比较法等。这些方法在不同场景下，所发挥的功效存在一定差异，因此，要根据实际施工情况选出合理、适用的方法。例如，网络图法可根据网络计划时间参数进行计算，从而得到关键线路与关键工作节点，以此来确定各项具体工程的进度时间，这种方法适用于专业进度控制管理人员；横道图法则是一种较为传统简单的施工进度控制方法，主要供施工作业班组或调度人员，可将施工进度与计划进度间的偏差明显反映出来，为施工计划调整提供依据；前锋线比较法则是基于网络图法而产生的一种方法，该方法以检查日期坐标点作为原点，通过点划线将各项工程实际进度的前端点连接，最后与另一时间坐标轴上的检查时间点相连，即可得到前锋线。若前锋线为直线就说明施工进度正常，若前锋线为凹凸线则说明施工进度存在偏差。

第四节　水利水电工程质量管理

一、建设工程质量监督管理

（一）工程质量监督管理的内涵

工程质量管理，在采取各种质量措施的保障下，通过一定的手段，把勘察设计、原材料供应、构配件加工、施工工艺、施工设备、机械以及检验仪表、机具等可能的质量影响因素、环节和部门，予以组织、控制和协调。这样的组织、控制和协调工作，就是工程（产品）质量管理工作。

质量监督是一种政府行为，通过政府委托的具有可信性的质量监督机构，在质量法律法规和强制性技术标准的有力支撑下，对提供的服务质量、产品质量、工程质量以及企业承诺质量实施监督行为。

质量监督管理是对质量监督活动的计划、组织、指挥、调节和监督的总称，是全面、全过程、全员参与的质量管理。全面管理是对业主、监理单位、勘察单位、设计单位、施工单位、供货商等工程项目参与各方的全面质量管理；全过程管理是从项目产生开始，从项目策划与决策的过程开始，至工程回访维修服务过程等为止的项目全寿命周期的管理；全员参与质量管理是在组织内部每个部门每个岗位都明确相应的质量职能和质量责任，将质量总目标进行逐级分解，形成自下而上的质量目标保证体系。

质量监督就是对在具体工作获得的大量数据进行整理分析，形成质量监督检查结果通知书、质量监督检查报告、质量等级评定报告等材料，反馈给相关决策部门，以便对发现的质量缺陷或者质量事故进行及时处理。根据法律赋予的职责权限，对违法行为对象给予行政或经济处罚，严重者送交司法部门处理。监督是工作过程，是保证工程质量水平的有效途径，监督的直接目的是查找质量影响因素，最终目的是实现工程项目的质量目标。

（二）工程质量监督管理体制构成

工程质量监督体系是指建设工程中各参加主体和管理主体对工程质量的监督控制的组织实施方式。该体系分为三个层次，政府质量监督在这个体系的最上层，业主及代表业主进行项目管理的监理或其他项目管理咨询公司的质量管理体系属于第二层次；其他工程建设参与方包括施工、设计、材料设备供应商等自身的质量监督控制体系属于第三层次。工程质量政府监督的内容包含着对其他两个层次的监督，是最重要的质量监督层次。

我国实行的是政府总体监督，社会第三方监理，企业内部自控三者相结合的工程质量监督体系。工程质量监督管理体系的有效运转是工程项目质量不断提高的重要保证。根据

《中华人民共和国建筑法》《建设工程质量管理条例》《水利工程质量监督管理规定》等，政府对工程质量实行强制性监督。国务院建设行政主管部门对全国的建设工程质量实施统一监督管理。国务院铁路、交通、水利等有关部门按照国务院规定的职责分工，负责对全国的有关专业工程质量的监督管理。

县级以上地方人民政府建设行政主管部门对本行政区域内的工程质量实施监督管理。县级以上地方人民政府交通、水利等有关部门在各自的职责范围内，负责对本行政区域内的专业建设工程质量的监督管理。

二、水利工程项目质量监督管理

（一）水利工程项目特点分析

水利工程是具有很强综合性的系统工程。水利工程，因水而生，是为开发利用水资源、消除防治水灾害而修建的工程。为了达到有效控制水流，防止洪涝灾害，有效调节分配水资源，满足人民生产生活对水资源需求的目的，水利工程项目通常是由同一流域内或者同一行政区域内多个不同类型单项水利工程有机组合而形成的系统工程，单项工程同时需承担多个功能，涉及坝、堤、溢洪道、水闸、进水口等多种水工建筑物类型。例如为缓解中国北方地区尤其是黄淮海地区水资源严重短缺，通过跨流域调度水资源的南水北调战略工程。

水利工程一般投资数额巨大，工期长，工程效益对国民经济影响深远，往往是国家政策、战略思想的体现，多由中央政府直接出资或者由中央出资、省、市、县分级配套。

工作条件复杂，自然因素影响大。水利工程的建设受气象、水文、地质等自然环境因素影响巨大，如汛期对工程进度的影响。我国北方地区通常每年5—9月为汛期，6—8月为主汛期。施工工期跨越汛期的工程，需要制订安全度汛专项方案，以便合理安排工期进度，若遇到丰水年，汛期提前到来，为完成汛前工程节点，需抢工确保工程进度。

按照功能和作用的不同，水利工程建设项目可分为公益性、准公益性和经营性三类。

水利工程实行分级管理。

水利部：部属重点工程的组织协调建设，指导参与省属重点大中型工程、中央参与投资的地方大中型工程建设的项目管理。

流域管理机构：负责组织建设和管理以水利部投资为主的水利工程建设项目，除少数由水利部直接管理外的特别重大项目其余项目。

省（自治区、直辖市）水行政主管部门：负责本地区以地方投资为主的大中型水利工程建设项目的组织建设和管理。

（二）水利工程质量监督管理现状

1. 水利工程质量监督管理机构设置

水利水电规划设计管理局设置水利工程设计质量监督分站，各流域机构设置流域水利工程质量监督分站作为总站的派出机构，如图7-3所示。

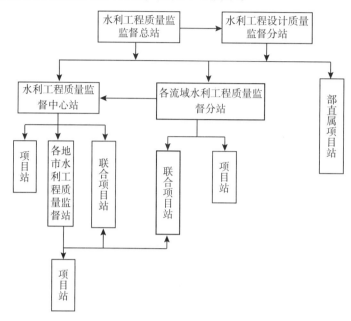

图7-3 我国水利工程项目质量监督管理机构体系

水利部负责全国水利工程质量管理工作。各流域机构受水利部的委托负责本流域由流域机构管辖的水利工程质量管理工作，指导地方水行政主管部门的质量管理工作。各省（自治区、直辖市）水行政主管部门负责本行政区域内水利工程质量管理工作。水利工程按照分级管理的原则由相应水行政主管部门授权的质量监督机构实施质量监督。

专业站的设置。专业站成立初期，是为满足实际工作需要，由水利工程质量监督中心站以下设立专业站，以便在一定时期内本行政区域开展的特定水利工程项目进行统一集中质量监督管理。工程建设结束后，专业站即撤销。专业站可由水利工程质量监督中心站设置，也可由中心站与监督站联合设置。

国家倡导成立项目站，除国家规定必须设立质量监督项目站的大型水利工程外，其他水利工程项目也应成立水利工程建设质量与安全项目站。近几年，水利工程建设项目数量繁多，建设任务繁重，现有的质量监督机构已经无法应对质量监督管理工作，国家开始倡导在有需要的县（市、区）建立质量监督管理机构。

目前，我国水利工程质量监督采取的监督网络并未完全对县区进行覆盖，在实际工作中发现，作为与农业生产人民生活密切相关的基础设施工程，水利工程分布较多的县区，质量监督管理力量反而较为薄弱。

2. 水利工程质量监督管理体系

我国目前实行的是项目法人负责、监理单位控制、勘察设计和施工单位保证、政府部门监督相结合的质量管理体系。

各级水利工程质量监督机构作为水利行政主管部门的委托单位，是对水利工程质量监督管理的专职单位，对水利工程项目实行强制性监督管理，对项目法人、监理、施工、设计等责任主体的质量行为开展质量监督管理工作，对工程实体质量的监督则通过第三方检测数据作为依据。

项目法人（或建设方）和代表其进行现场项目管理的监理单位是对工程项目建设全过程进行质量监督管理。项目法人对项目的质量负总责，监理单位代表项目法人依据委托合同在工程项目建设现场对工程质量等进行全过程控制。项目法人对监理、设计、施工、检测等单位的质量管理体系建立运行情况进行监督检查。

施工、设计、材料和设备供应商按照"谁设计、谁负责；谁施工、谁负责"的质量责任原则建立内部质量控制管理体系，保证工程质量。

检测单位按照委托合同对工程实体、材料、设备等进行检测，形成检测结论报告，作为工程项目质量监督管理的依据。检测单位对检测报告的质量负责。

3.水利工程质量监督管理相关制度

自改革开放以来，经过多年的补充完善，我国在水利工程项目建设中实行项目法人责任制、招标投标制度、建设监理制度、市场准入制度、企业经营资质管理制度、执业资格注册制度、持证上岗制度，推进信用体系建设，用完善有效的制度体系，增强监督管理能力，规范质量行为，提高质量监督管理工作效能，保证监督工作顺利进行。

（三）水利工程项目不同阶段质量监督管理

1.施工前的质量监督管理

办理工程项目有关质量监督手续时，项目法人应提交详细完备的有关材料，并经过质检人员的审查核准后，方可予以办理。包括：

（1）工程项目建设审批文件；

（2）项目法人与监理、设计、施工等单位签订的合同（或协议）副本；

（3）建设、监理、设计、施工等单位的概况和各单位工程质量管理组织情况等材料。

质监人员对相关材料进行审核，准确无误后，方可办理质量监督手续。工程项目质量监督手续办理及质量监督书的签订代表着水利工程项目质量监督期的开始。质量监督机构根据工程规模可设立质量监督项目站，常驻建设现场，代表水利工程质量监督机构对工程项目质量进行监督管理，开展相关工作。项目站人员的数量和专业构成，由受监项目的工作量和专业需要进行配备。一般不少于3人。项目站站长对项目站的工作全面负责，监督员对站长负责。项目站组成人员应持有"水利工程质量监督员证"，并符合岗位对职称、工作经历等方面的要求。对不设项目站的工程项目，指定专职质检员，负责该工程项目的质量监督管理工作。项目站与项目法人签订水利工程质量监督书以后，即进驻施工现场开展工作。对一般性工作以抽查、巡查为主要工作方式，对重要隐蔽工程、工程的关键部位等进行重点监督；对发现的质量缺陷、质量问题等，及时通知项目法人、监理单位，限期进行整改，并要求反馈整改情况；对发现的违反技术规范和标准的不当行为，应及时通知项目法人和监理单位，限期纠正，并反馈纠正落实情况；对发现的重大质量问题，除通知项目法人和监理单位外，还应根据质量事故的严重级别，及时上报。项目站以监督检查结果通知书、质量监督报告、质量监督简报的形式，将工作成果向有关单位通报上报。

项目站成立后，按照上级监督站（中心站）的有关要求，制定本站的有关规章制度，形成书面文件报请上级主管单位审核备案。主要包括：质量监督管理制度、质检人员岗位责任制度、质量监督检查工作制度、会议制度、办公规章制度、档案管理制度等。

为规范质监行为，有针对性地开展工作，项目站根据已签订的质量监督书，制定质量监督实施细则，广泛征求各参建单位意见后报送上级监督站审核。获得批准后，向各参建单位印发，方便监督工作开展。《质量监督计划》和《质量监督实施细则》是质量监督项目站在建站初期编制的两个重要文件。《质量监督计划》是对整个监督期的工作进行科学安排，明确了时间节点，增强了工作的针对性和主动性，避免监督工作的盲目性和随意性，强调了工作目标，大大提高了工作效率。

《质量监督实施细则》是《质量监督计划》在具体实施工程中的行为准则，也是项目站开展工作的纲领性文件，对质量监督检查的任务、程序、责任，对工程项目的质量评定与组织管理、验收与质量奖惩等作出明确规定。《质量监督计划》和《质量监督实施细则》在以文件形式印发各参建方以前，需要向各单位广泛征求意见，修改完善后报上级监督站审核批准。《质量监督计划》在实施过程中，根据工程进展和影响因素及时调整，并通报各有关单位。

除制定质监工作的规章制度和两个重要文件以外，项目站的另一项重要工作就是对施工、监理、设计、检测等企业的资质文件进行复核，检查是否与项目法人在鉴定监督书时提供的文件一致，是否符合国家规定；检查各质量责任主体的质量管理体系是否已经建立，制度机构是否健全；还需检查项目法人是否已经认真开展质量监督工作。在取消开工审批，实行开工备案制度后，监督项目法人按规定进行开工备案，也是项目站的一项重要工作。项目施工前，项目站的主要工作内容包括对各参建企业资质的复核，对包括项目法人在内的各单位的质量管理组织、体系的检查，对项目法人质量责任履行情况的监督检查等。

2.施工阶段的质量监督管理

工程开工后到主体工程施工前，质量监督管理的主要工作内容是对项目法人申报的工程项目划分进行审核确认。工程项目划分又称质量评定项目划分，是由项目法人组织设计、施工单位共同研究制定的项目划分方案，将工程项目划分单位工程、分部工程，并确定单元工程的划分原则。

主体工程施工初期，质量监督管理的工作重点对项目法人申报的建筑物外观质量评定标准进行审核确认。建筑物外观质量评定标准是验收阶段进行工程施工质量等级评定的依据。

在主体工程施工过程中，主要监督项目法人质量管理体系、监理单位质量控制体系、施工单位质量保证体系、设计单位现场服务体系以及其他责任主体的质量管控体系的运行落实情况。着重监督检查项目法人对监理、施工、设计等单位质量行为的监督检查情况，同时，对工程实物质量和质量评定工作不定期抽查，详细对监督检查的结果进行记录登记，形成监督检查结果通知书，以书面形式通知各单位；项目站还要定期汇总监督检查结果并向派出机构汇报；对发现的质量问题，除以书面形式通知有关单位以外，还应向工程建设管理部门通报，督促问题解决。

工程实体质量的监督抽查，尤其是隐蔽工程、工程关键部位、原材料、中间产品质量检测情况的监督抽查，作为项目质量监督管理的重中之重，贯穿整个施工阶段。对已完成工程施工质量的等级评定既是对已完工程实体质量的评定，也是对参建各方已完成工作水平的评定。工程质量评定的监督工作是阶段性总结，能够及时发现施工过程中的各种不利影响因素，便于及时采取措施，对质量缺陷和违规行为纠正整改，能够使工程质量长期保持平稳。

3. 验收阶段的质量监督管理

验收是对工程质量是否符合技术标准达到设计文件要求的最终确认，是工程产品能否交付使用的重要程序。水利工程建设项目验收按验收主持单位性质不同分为法人验收和政府验收，在项目建设过程中，由项目法人组织进行的验收称为法人验收，法人验收是政府验收的基础。法人验收包括分部工程验收、单位工程验收。政府验收是由人民政府、水行政主管部门或其他有关部门组织进行的验收，包括专项验收、阶段验收和竣工验收。根据水利工程分级管理原则，各级水行政主管部门负责职责范围内的水利工程建设项目验收的监督管理工作。法人验收监督管理机关对项目的法人验收工作实施监督管理。监督管理机关根据项目法人的组建单位确定。

在工程项目验收时，工程质量按照施工单位自评、监理单位复核、监督单位核定的程序进行最终评定。按照工程项目的划分，单元工程、分部工程、单位工程、阶段工程验收，每一环节都是下一步骤的充要条件，至少经过三次检查才能核定质量评定结果，层层检查，层层监督，检测单位作为独立机构提供检测报告作为最后质量评定结果的有力佐证。施工、监理、工程项目监督站，分别代表不同利益群体的质量评定程序，是对工程质量最公平有效的保障。

第八章

水利水电工程施工管理的措施

第一节　建立健全施工管理制度体系

一、健全水利工程环境管理体制

（一）设立水利工程环境管理协调机构

根据中央机构编制委员会官方释义，协调机构是指为了完成某项特殊性或临时性任务而设立的跨部门协调机构。设立水利工程环境管理协调机构，既能确保有效解决前述水利工程环境管理方面多头管理、难以形成合力的具体问题，又不与2018年新一轮机构改革后新建立的管理体制相冲突。

1. 明确协调机构的具体组成

在国家层面，应当由国务院副总理担任协调机构负责人，由生态环境部作为协调机构的牵头部门和协调机构办公室所在单位，国务院发展改革、水行政、农业农村、林业草原、自然资源、住房和城乡建设等有关部门和各省、自治区、直辖市人民政府作为协调机构的成员单位，负责国家重点水利建设项目、部署重点水利建设项目和部署其他水利项目的环境管理协调工作。在省层面，应参照国家级协调机制的具体组成，建立本级的水利工程环境管理协调机构，负责协调本区域内中央参与投资的地方重点水利建设项目、地方水利建设项目的环境管理协调工作。其中，中央参与投资的地方重点水利建设项目的环境管理工作，各省级协调机构还应当充分听取生态环境部派出在其所在流域的生态环境监督管理局和水利部派出的该流域管理机构的意见。

2. 明确协调机构的职能

首先，定期组织召开协调机构成员单位联席会议，研究并协调解决水利工程环境管理工作中的重大问题。

其次，组织各成员单位研究水利工程环境管理的政策、规划、计划等，向同级人大或人民政府提出建议，完善水利工程环境管理地方性法规等法律文件，提高水利工程环境管理的法治化水平。

再次，统筹做好水利工程环境管理政策、法规与水利工程所涉等其他相关政策、法规的有效衔接，加强组织各地区、各部门开展跨区执法、综合执法等，推进水利工程环境管理问题的联防联控联治。

最后，组织开展水利工程突发环境紧急事件的应急协调工作，保障各部门和地区各司其职、快速响应。

（二）明晰水利工程管理单位的环境管理职能

水管单位具体负责水利工程的日常管理，保障工程主体的正常运行和做好相应配套设备维护，保证工程安全和发挥效益。其在环境管理中的具体职能应当细化，主要包括：

1. 日常环境管护

各级水利部门按照确保水利工程安全及环境管理的需要划定水利工程管理单位的具体范围。经批准的水利工程管理和保护范围，由水利工程管理单位设立界桩、公告牌、警示标志等标识，任何单位和个人不得擅自移动、破坏。水利工程管理范围内属于国家所有的土地，由水利工程管理单位管理和使用。水利工程管理单位应设置环境保护设施、设备并记录运行情况，所有在管理范围内从事生产经营的单位和个人，必须服从水利工程管理单位的安全监督，不得进行损害水利工程和设施及周围环境的任何活动。

2. 发现违法行为及时上报

由于水利工程管理单位不具有行政管理职能，对于日常巡护过程中发现的违法行为没有直接处理的权力。但为了防止环境破坏，应及时制止行为人的违法行为，并向水行政或者生态环境主管部门等具有法定监管职权的部门、机构上报。例如，对滥挖河砂、违法捕鱼及破坏水生态环境的各类水事违法案件做到及时发现、及时上报，全力协助维护好正常的水事秩序。

3. 协助有关部门开展执法活动

监管部门进行检查或者执法活动时，应予以配合，如及时固定行为人的违法证据，向监管部门提供与环境保护有关的文件、证件、数据以及技术资料等，应监管部门要求对环境管理情况进行说明，不得拒绝或者阻碍行政人员依法执行公务。

二、规范水利工程的环境影响评价制度

（一）恢复重大水利工程的项目环评预审

环评预审是在现行法律、法规和制度框架下，仍由水利部门组建专门的团队在建设重大项目的规划设计之初、正式环境保护评价启动开始之前，对拟建的项目依据相关技术标准、采取一定的技术手段、适用对应的评价指标进行的项目的初始规划以及后续定期环境保护质量评估，并给予一定预评结论及环境保护建议的活动。简单地说，就是将环评预审作为环评制度的前置程序，其实质是将水利工程环保监督、监管关口进一步前移，不仅有助于减轻环评阶段的工作压力，提高水利工程环评工作的专业性和科学性，还能增强环境保护监管的针对性，并提高对潜在风险的预测精度与防范效果。笔者建议在考虑"放管服"改革的基础上，结合水利建设项目环评实际情况，可恢复对于部分重大水利项目的环评预评。

1. 明确重大水利工程项目的范围

所谓"重大水利工程"，是指服务于流域整体和水资源空间均衡配置、跨行政区河流

水系治理保护等构成国家水网防洪减灾体系，起到强化水旱灾害防治、优化水资源配置、改善水生态环境、促进流域区域协调发展作用的骨干工程。具体包括但不限于："十四五"规划中的主要功能为防洪减灾的卫河干流治理工程、引调水功能的南水北调东中线后续工程、供水灌溉功能的新疆库尔干大型灌区工程；重点防洪城市的大型河湖沿岸及海绵城市开发工程；重点生态功能区的如长江黄河等流域的水土流失治理工程；重点灌区节水改造和严重缺水、生态脆弱地区及粮食主产区节水灌溉工程建设等重大农业节水工程等。

2. 明确重大水利工程项目环评预审的法律效力

环评预审是对重点项目环评的必经程序，是对现有环评的补充和完善，在环评过程中具有重要的阶段性地位及作用。首先，环评预评审是环评的前置程序，未经预审或预审未通过不得进入正式的环评程序。其次，环评预审要依据相应的标准和技术手段对规划拟建中的项目提出的预审建议和结论，但该建议或结论不能代替正式环评审批和具体建议，项目及政府的最终决策要以生态环境保护部门最终出具的环境保护结论或建议为准。

（二）建立水利工程环境影响跟踪评价制度

水利工程属于典型的对生态环境可能产生较大影响的项目，其特点就是影响程度和范围较大、影响效应滞后、影响逐步显现等。例如，在建设过程中，由于围堰、水坝、水电站等水工建筑物的修建，导致周边地质条件及河流形态、流量、流速、底质等发生一定的改变，进而对生物多样性造成一定破坏。因此，对于水利工程环境管理来说，环境影响跟踪评价应当是环境管理体系中必要的一环，具体的工作内容是在水利工程建设完毕、投入正常运营的一定时间后，对工程产生的实际环境影响进行的调查研究。判断和总结前期环境影响评价阶段评价结论的准确性、可靠性以及环保措施的有效性，并针对现有环境问题提出弥补措施和环境管理建议。因此，在法律规范中明确水利工程应当进行环境影响跟踪评价，具体操作可以依照以下内容。

1. 规范水利工程环境影响跟踪评价的实施主体

水管单位是实施水利工程环境影响跟踪评价的主体。水管单位往往掌握了大量的建设项目可研、初设时与环境有关的资料、数据，环境影响跟踪评价是对原环评的准确性以及原环评提出进一步生态环境对策和措施的有效性进行验证，项目建设前、运行后的资料和数据缺一不可，所以应由原环境影响评价文件的编制单位即水管单位负责开展跟踪评价。

2. 明确水利工程环境影响跟踪评价的介入时间

具体而言，可分情况分别确定：

首先，通常情况下，项目跟踪评价时机选取应在主体工程及生态环境保护设施正常投产运营 3～5 年比较适宜，如大多数中小型水利工程。

其次，涉及累积性、不定性以及持久性环境影响的建设项目，可依照环境要素的改变情况和显露时间由水利行政主管部门定夺跟踪评价的介入时机，如大型的水库、航道等。

再次，对于分期建设、分期投产的建设项目，可依照项目的影响范围及程度在合适的介入时间点对项目阶段性环境影响进行跟踪评价，如南水北调引水工程。

最后，对于其他一些重大的建设项目，若当前已经造成不良环境影响，在项目继续运行之前，需要对前期项目实施跟踪评价。

3.明确水利工程环境影响跟踪评价的法律效力

结合《建设项目环境影响跟踪评价管理办法》的规定，生态环境主管部门可以依据环境影响跟踪评价文件，对水利工程环境管理的措施提出改进要求，并将其作为后续项目建设运行过程中环境管理的重要依据。水管单位应执行跟踪评价文件提出的各项要求，特别是对跟踪评价提出的补救方案或者改进措施应积极落实。但需注意的是，由于跟踪评价文件的独立性，它对原有的环评文件及批复的废止、取代达不到预期效果。

三、完善水利工程的生态流量保障制度

（一）将生态流量保障纳入水利工程规划管理

1.将生态流量保障纳入规划制定过程

明确有关部门在组织编制有关水利工程规划时，应当从水资源规划、配置、调度及管理的各个环节实现对水利工程生态流量管控的顶层设计，充分发挥规划的引领、指导和约束作用。待规划中确定生态流量保障总体目标后，在层层分解到各个工程的局部目标，有效推进水利工程行业生态流量保障工作的落实。其中，拟新建的大中型水电站工程必须符合规划中生态流量管控的目标和要求，并报相应级别的水利部门批准；对已有水利工程不符合生态流量规划要求的，应当进行分类分批整改或逐步退出。

2.将生态流量保障纳入规划实施过程

当河流上游有大型水利水电工程对流量进行调节时，在其正常运行情况下，河段的最小生态流量应根据变化后的水文条件，结合自身的调度运行特点重新拟定，确保能够达到规定要求的生态流量下泄达标率；水电站由发电机组下泄最小生态流量时，应首先满足机组的运行稳定技术要求。若短时间内的来流量未达到机组的运行稳定要求，则应临时停止发电，由泄水建筑物下泄生态流量。此外，航运、农业灌溉等水利工程也应由各个部门考虑实际需求，制订年度用水规划时，对生态流量进行必要保障，统筹水资源总量加以利用。

（二）明确水利工程生态流量保障的具体措施

1.确定生态流量管控指标

各级水利部门应依据《河湖生态环境需水计算规范》《水电工程生态流量计算规范》等水利技术规范，将河流生态需水量、特征、水文气象条件、水资源开发利用情况结合起来分析，在保证基本生活用水量的前提下对各个断面的生态流量指标予以确定并公布。

2. 加强对生态流域保障的监管

各级政府的水利部门负责生态流量保障断面的监督检查，检查方式为定期汇报检查或不定期开展现场抽查相结合，如水利工程现场测量、要求水利工程管理单位负责人汇报情况、核查生态流量记录台账等，密切跟踪各个水利工程功能水文断面的流量，对生态流量保障存在的问题向水管单位提出相应的整改要求和建议，并督促水管单位将建议予以落实。在此基础上，还应当建立对枯水期或重大污染环境危害事件发生后的生态流量应急保障管理制度，即根据不同江河水资源环境特点、主体工程运行调度及监测能力等，设置生态流量预警指标，根据预警级别不同制订相应的应急保障措施。当发生严重干旱、水域污染等紧急突发状况时，应结合水文监测水量信息、控制性工程情况及取用水工程情况，启动相应的响应措施并组织实施应急调度。

此外，为加大生态流量在水利工程的考核力度，还应将生态流量保障制度纳入《水利工程管理考核办法》并作为其中的考核内容，即将生态流量日常巡查纳入运行管理、将生态流量调度规程及应急保障措施纳入安全管理考核内容。

3. 明确水利工程管理单位的保障责任

生态流量日常保障主体应当为水利工程管理单位，其具体责任包括：依托河流生态流量监测预警系统和国家水资源监控平台等多种信息平台对控制断面日常调度管理过程中的生态流量进行监测，定期对生态流量达标情况进行统计，并通报给相关管理部门；按相关部门要求对主要控制断面位置、断面性质，以及控制性工程下泄流量调度管理、生态流量是否得到满足等情况形成书面记录并妥善保存；当出现或者可能造成生态流量断流的突发事件时，应及时向水利部门报告情况，响应并服从应急调度命令，并将应急调度措施落实后的情况及时向有关部门反馈。

四、细化水利工程生物多样性保护的法律规定

（一）将生物多样性保护纳入项目环评

为通过法律推动生物多样性保护主流化，笔者建议将生物多样性保护纳入水利工程建设项目的环境影响评价中。其中，应明确水利工程建设所有可能对生物多样性产生影响的具体内容，并且分析此项工程与现行生物多样性保护相关法律法规的协调性；工程建设区经过全面的现状调查与评价后，明确本区域生物多样性及关键因素的主要影响及相关强度，形成生物多样性影响评价指标体系；生态环境部门对环评报告进行审查时，应当基于生态保护多样性保护的目标进行实质审查，审查通过后，还应在工程建设过程中进行生物多样性的跟踪监测；不通过审查的可以通过提出利于生态多样性保护的调整及优化建议，保证生物多样性保护措施的合理性与可行性。

（二）项目运行过程中采取必要的生物多样性保护措施

首先，针对各个流域如黄河、长江等大型流域出现生物数量急剧下降或者极度濒危或

者珍稀野生动植物及其栖息地、天然集中分布区、破碎化的典型生态系统，规定已建且正在运行的水利工程应在其涉及水环境中的水生生物建设产卵场、索饵场、越冬场和洄游通道等生态保护措施，以期能够减小对于重要栖息地的影响与破坏。

其次，对鱼类等水生生物洄游产生阻隔的，已建或者拟建的大型水利工程应当结合实际在工程主体或者规划中采取建设过鱼设施、河湖连通、生态调度等多种措施，以充分满足水生生物的生态需求。

最后，建立生物多样性保护的水利工程调度制度。传统的水利工程调度主要集中于发挥防洪和兴利功能，但却忽视对水生态环境保护，尤其是对水生生物生存环境保护。因此，各级水行政主管部门应当结合水利工程的运作形式，通过控制水流、调节水温等来改善生物的生存环境。同时，其他相关部门应当在其职能范围内协同进行有关管理活动。其中，生态环境部门应当对调度的过程和结果进行监督；渔业部门做好水生生物的种类、数量以及水生环境质量监测；林业草原部门对于水利工程沿岸珍稀植物种类、数量及栖息地进行监测等。

五、丰富法律责任的承担方式

法律责任是法律义务履行的保障机制和法律义务违反的矫正机制。法律责任的设定与法律权利义务的相关规定兼备，才是一部完整的法律规范；同时，法律责任也是上述各项的法律制度、法律权利与义务得以实现的有效保障手段。

（一）建立水利工程环境管理终身追责制

1. 建立政府主要负责人终身追责制

水利工程具有建设周期长、运行时间久的特点，因此其对生态环境造成的影响是长远且连续的，可能仅仅是因为在规划期、建设期及运行期内的重大决策失误、监管失职导致生态环境破坏性结果数年乃至数十年后才显现。结合水利工程环境管理的上述特点，对政府监管失责的追责除了既有的通报批评、行政处分外，还可以引入终身责任制，即将政府环境责任具体落实到主要责任人，将水利工程环境实施效果监督融入政府环境绩效考核制度中，同时增加水利工程环境指标在主要负责人离任环境审计考核指标中的比重；另外，在水利工程环境事故调查过程中发现主要负责人因工作调动等原因离开原单位或已退休的，经调查在原单位工作期间违反水利工程环境管理法律法规的有关规定或未切实履行相应职责导致所监管的水利工程造成生态环境严重破坏的，应终身追究其监管失职的法律责任。

2. 建立水管单位责任人终身追责制

我国对于水利工程的质量管理和安全管理责任中都已引入了责任人终身追责制度，对于提高我国水利工程质量和安全生产水平起了重要作用。环境管理于水利工程后续运行和长远发展来说，其重要性与保障工程主体质量和安全运行不相上下。因此，将终身追责制引入环境管理具有合理性。

具体而言：一方面，明确水利工程造成的生态环境损害终身追责的范围和标准，如水利工程管理不善导致的特大突发环境事件、环境质量明显恶化、不顾生态环境盲目进行项目决策且造成严重后果等追责情况以法律条文的形式予以明确，实现终身追责范围和标准的法制化。另一方面，针对环境管理责任追究存在的程序启动难、调查实施难等问题，必须明确责任追究的启动及实施程序。环境管理追责应当由生态环境部门启动，区别于质量管理由水利部门启动。当发现水管单位存在应当问责的情形时，生态环境部门必须依照法定的职责进行立案调查，依法采取各类调查手段查明情况、搜集证据，并根据调查结果做出最终的决定。

（二）对单位违法适用资格罚

除了政府和水管单位，环评机构、环境监测机构、环境服务机构等第三方主体在水利工程环境管理过程中也起着关键作用，如对于水利工程环境管理的决策过程提供数据支持，接受委托实施相应的环境恢复或生态修复措施，等等。而对于这些第三方机构的责任追究，可以参考相关法律规定中对于环评机构科处资格罚的规定。具体而言，对于在水利工程环境管理过程中实施了具体违法行为的第三方单位，如环境监测单位提供数据失实、环境服务机构提供的治理手段产生环境损害等，负有监督管理权的行政机关不仅应对该单位处以罚款，同时还可以将行政处罚与其从事相关专业活动的资格挂钩，即行政机关还可针对该单位或个人同时处以相应的资格罚。例如，一定期间内降低单位的资质等级，限制该单位从事与水利工程相关的流量及水质检测、提供环境服务等经营活动；再如，对有关责任人员限制其在一定期间内从业，甚至永久性地剥夺其从业资格。

第二节　提高施工技术组织管理水平

随着社会经济的不断发展以及项目工程建设理论的不断进步，BIM技术在工程管理过程中被广泛应用，BIM技术使水利水电工程建设的成本管理、质量管理、安全管理、建设管理水平都得到提升，保障了水利水电工程项目建设的顺利展开。BIM技术的整合性极强，要支撑起BIM技术的应用框架需要多个方面的基础内容，BIM模型应用的核心理念和价值是在开展BIM应用之前首先需要弄清楚的，使得通过BIM技术降低水利水电工程行业成本、提高水利水电行业生产效率；其次，BIM的模型应适应水利水电工程全寿命周期的理念，稳步推进水利水电工程BIM标准框架的编制、修改和管理；再次，要将水利水电工程BIM标准框架与软件结合起来，使BIM技术在水利水电行业能够实现信息共享，避免出现信息孤岛，探索出一条高效有序的BIM标准框架管理与协调机制；最后，各个工程的参与方对于BIM成果的预期就体现在数据互用上。综合考虑，水利水电工程

BIM 的标准框架应从数据标准、应用标准、管理标准三方面来考虑。

具体关系如图 8-1 所示。

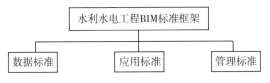

图 8-1　水利水电工程 BIM 标准框架结构

一、BIM 标准框架的编制原则

水利水电工程 BIM 标准框架的制定目标是为了帮助水利水电行业降低成本、提高效率，为使水利水电工程标准框架的制定在合理范围内，需要按照以下原则对标准进行编制：

水利水电工程 BIM 标准框架的制定应贯穿于水利水电工程全寿命周期，建立起科学有效的水利水电工程 BIM 标准框架体系，为水利水电工程 BIM 技术在水利水电工程上的应用打下坚实的基础。

水利水电工程 BIM 标准框架应与水利水电工程全寿命周期内的全部水利水电工程标准相一致，避免水利水电工程 BIM 标准与水利水电工程标准出现矛盾。水利水电工程 BIM 标准框架应适用于水利水电工程全寿命周期内的 BIM 应用，特别是水利水电工程 BIM 技术通用和基础部分，兼顾验收和运维阶段。

水利水电工程 BIM 标准框架应与水利水电行业技术标准、水利技术标准相兼顾协调，水利水电工程 BIM 标准应分类科学、层次分明、构架合理，并具有一定的可扩展性。水利水电工程 BIM 软件应符合水利水电工程相关强制性规定，既是对水利水电工程 BIM 软件的要求，又是保证水利水电工程 BIM 软件产出准确结果的前提。

水利水电工程 BIM 标准框架内容应划分清楚，各章节内容应相互协调、统一、思路清晰，保证水利水电工程 BIM 应用人员容易理解。

二、数据标准为实现

水利水电工程全寿命周期内各参与方和不同信息系统之间的互操作性，现对水利水电工程相关 BIM 软件和一些信息技术进行规范，主要划分为数据字典库标准、分类和编码标准、存储标准和交换标准四部分，其与水利水电工程 BIM 数据标准关系如图 8-2 所示。

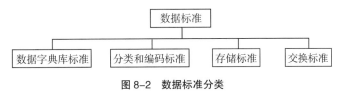

图 8-2　数据标准分类

（一）数据字典库标准

水利水电工程信息模型数据字典库应对水利水电工程中的概念语义（如完整名称、定义、备注、简称、细节描述、被关联概念、归档等）、语境、统一的标识符、在数据存储标准中的实现进行规范，并与水利水电工程信息模型分类与编码标准兼容。

（二）存储标准

水利水电工程信息模型存储标准应适应于水利水电工程全寿命周期内的 BIM 模型数据信息的存储，并应促进水利水电工程全寿命周期内各阶段、各参与方和各专业对 BIM 的应用。

水利水电工程信息模型数据存储标准应采用对建筑领域通用的 IFC 标准，以扩展 IFC 标准的方式实现水利水电工程 BIM 数据信息存储标准。借用 IFC 标准中资源层和核心层对 BIM 数据模型中几何信息和非几何信息定义的逻辑及物理组织方式，作为水利水电工程 BIM 模型数据格式；使用 IFC 已经制定的影响广泛的外部参照关联机制，将水电工程 BIM 信息语义与 IFC 模型联系起来。

（三）交换标准

在水利水电工程项目中，信息交换发生在工程全寿命周期内的不同业务之间，包括水利水电工程全寿命周期内的各阶段信息交换、项目各参与方的信息交换、工程各专业间的信息交换。为保证水利水电工程模型数据交付、交换后能被数据接收方正确高效地使用，数据交付与交换前，应当对数据的一致性、协调性和正确性进行检查，检查的内容包括三部分：第一，数据经过审核和清理；第二，数据是经过确认的版本；第三，数据格式与内容需符合数据互用标准与互用协议。

水利水电工程中不同的专业和任务需要不一样的模型数据内容，所以水利水电工程互用数据的内容应根据水利水电工程专业或其任务要求确定，应包含任务承担方接收和交付的模型数据。若条件允许，选择的软件应该使用相同的数据格式，因为任何不同形式和格式之间的数据转换都有可能导致数据错漏。数据交换时若必须在不同格式之间进行转换，要采取必要措施保证交换以后数据的完整性和正确性。在互用数据使用前，数据信息模型接收方应对模型互用数据的一致性、正确性和协调性及其格式和内容进行确认，以保证互用数据的正确、高效使用。

三、应用标准

水利水电工程 BIM 应用标准主要是指导和规范水利水电工程专业类和项目类 BIM 技术应用的标准，根据水利水电工程专业的特点和对 BIM 技术的应用需求，现对水利水电工程 BIM 标准划分为通用及基础标准、规划及设计标准、建造与验收标准和运营维护标准四个大类，其关系如图 8-3 所示。

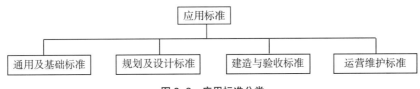

图 8-3　应用标准分类

（一）通用及基础标准

通用及基础标准根据水利水电工程特性应分为通用标准、安全监测、征地移民、节能、环保水保、工程造价、流域 7 个分支标准，如图 8-4 所示。

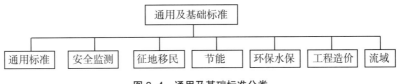

图 8-4　通用及基础标准分类

水利水电工程通用标准应包含水利水电工程信息模型应用统一标准和水利水电工程信息模型实施指南。应用统一标准的目的在于指导和规范在水利水电工程全寿命周期内 BIM 模型的创建、使用和管理，侧重于 BIM 技术开始之后的工作以及对软件方面的指导和规范。实施指南的目的在于指导水利水电工程全寿命周期内 BIM 模型的应用与实施，侧重于 BIM 技术开始之前的准备以及硬件、人员方面的准备。

安全监测标准应包含水工建筑物安全监测信息模型应用标准和水库安全监测信息模型标准，即对水工建筑物安全监测和水库安全监测全寿命周期内 BIM 模型的创建、使用和管理进行规范。

征地移民标准，即水利水电工程征地移民信息模型应用标准，主要指导水利水电工程征地移民全寿命周期信息模型的创建、使用和指导。

节能标准，即水利水电工程信息模型节能减排应用标准，主要用于水利水电工程全寿命周期内节能减排信息模型创建、使用、评估和方案优化。

环保水保标准应包含水土保持工程信息模型应用标准和环境保护工程信息模型应用标准，即指导和规范水土保持工程和环境保护工程在全寿命周期内 BIM 模型的创建、使用和管理。

工程造价标准，即水利水电工程信息模型技术应用费用计价标准，主要应用于水利水电工程全寿命周期内 BIM 技术应用的费用预测。

流域标准，即水利水电工程数字流域信息模型应用标准，主要用于水利水电工程数字流域全寿命周期内 BIM 模型的创建、使用和管理。

（二）规划及设计标准

规划及设计标准暂被划分为 7 个分支，分别为通用、工程规划、工程勘察、水工建筑物、机电、金属结构和施工组织设计标准，如图 8-5 所示。

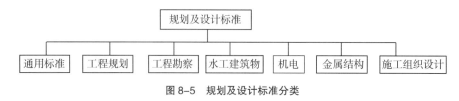

图 8-5　规划及设计标准分类

1. 通用标准

通用标准规划及设计通用标准应包含信息模型设计应用标准、设计信息模型交付标准、设计信息模型制图标准。信息模型设计应用标准主要应用于水利水电工程规划与设计阶段全寿命周期内信息模型的创建、使用和管理。设计信息模型交付标准主要应用于规划与设计阶段水利水电工程信息模型交付的相关工作，应包括模型交付过程、模型精度以及 BIM 产品归档等内容。设计信息模型制图标准主要用于在水利水电信息模型设计中规范水利水电工程规划与设计信息模型及图纸的构建及绘制。

2. 工程规划标准

工程规划标准可划分为水利水电工程规划和报建信息模型应用标准与水利水电工程乏信息规划设计信息模型应用标准。水利水电工程规划和报建信息模型应用标准应当适应于水利水电工程规划和报建相关的 BIM 技术应用及其信息模型的创建、使用和管理。水利水电工程乏信息规划设计信息模型应用标准主要针对国外发展中国家及我国偏远地区缺乏水文、气象、地形、地质、工程建设条件等基础资料的情况（简称"乏信息"）下水电工程前期规划设计信息模型的创建、使用和管理。

3. 工程勘察标准

工程勘察标准划分为水利水电工程测绘地理信息模型应用标准和地质信息模型应用标准。

水利水电工程勘察标准中的水利水电工程测绘地理信息模型应用标准主要是规范水利水电工程测绘地理信息模型的创建、使用和管理，对水利水电工程中的基础测绘地理信息数据的采集、处理、加工及应用进行要求。

水利水电工程地质信息模型应用标准主要是对水利水电工程中工程地质 BIM 建模基本内容、方法、专业制图、图形库及质量评定方法等做出规定。

4. 水工建筑物标准

水工建筑物标准按水电工程特点可分为水工综合、混凝土坝、土石坝、泄水与过坝建筑物、水电站建筑物、边坡工程与地质灾害防治、灌排供水 7 细分项标准。

水工综述标准主要是水利水电工程枢纽布置设计信息模型应用标准。该标准主要对水利水电工程枢纽布置设计信息模型的协同管理、模型拼装、信息交换、专业检查及成果交付做出规定。

混凝土坝标准按水利水电专业可分为砌石坝设计信息模型应用标准、支墩坝设计信息模型应用标准、拱坝设计信息模型应用标准、重力坝设计信息模型应用标准。该标准应根据专业特性对其信息模型的组织实施、模型数据、工作流程、信息交换、模型检查和成果交付等做出规定。

土石坝标准按水利水电工程专业应划分为土质防渗体土石坝设计信息模型应用标准、混凝土面板堆石坝设计信息模型应用标准、沥青混凝土防渗土石坝设计信息模型应用标准、河道治理与堤防工程设计信息模型应用标准，其标准内容与混凝土坝标准内容类似。河道治理与堤防工程应包括内陆河道、潮汐河口、江河湖堤、海堤、疏浚和吹填工程等。

泄水与过坝建筑物按水利水电工程专业可划分为水利水电工程通航建筑物设计信息模型应用标准、水利水电工程过鱼建筑物设计信息模型应用标准、水利水电工程泄水建筑物设计信息模型、水闸设计信息模型应用标准，标准内容与混凝土坝标准内容类似。其中泄水建筑物应包括溢流坝、坝身泄水孔、泄洪洞、岸边溢洪道等，通航建筑物应包括船闸、升船机等，过鱼建筑物应包括鱼道、其他过鱼设施等。

水电站建筑物标准按水利水电工程专业应划分为抽水蓄能电站设计信息模型应用标准、水电站引水系统设计信息模型应用标准、水电站厂房设计信息模型应用标准，标准内容与混凝土坝内容相似。引水系统应包括进水口、水工隧洞、调压设施、压力管道等，厂房应包括地下厂房、地上厂房等，抽水蓄能电站应包括抽水蓄能电站输水系统、上下水库、总体布置等。

边坡工程与地质灾害防治标准应划分为水利水电工程边坡工程设计信息模型应用标准、水利水电工程地质灾害防治工程设计信息模型应用标准，其标准内容应包含其BIM模型的组织实施、工作流程、建模要求、模型数据要求、信息交换、专业检查和成果交付等。边坡工程应包括岩质边坡、土质边坡、支挡结构等。地质灾害防治工程应包括滑坡、崩塌、泥石流、堰塞湖等。

灌排供水标准按其专业划分为引水枢纽工程设计信息模型应用标准、灌排渠沟与输水管道工程设计信息模型应用标准、渠系建筑物设计信息模型应用标准、节水灌溉工程设计信息模型应用标准、泵站设计信息模型应用标准、村镇供水工程设计信息模型应用标准，标准内容与边坡和地质灾害防治标准类似。引水枢纽工程应包括上游导流堤、进水闸、泄洪闸、冲沙闸、人工弯道、消力池、引水渠道、曲线形悬臂式挡沙坎等。灌排沟渠与输水管道工程应包括渠道工程、渠道衬砌及防冻胀工程、特殊地基渠道、排水沟道工程等。渠系建筑物应包括涵洞、跌水与陡坡、渡槽、倒虹吸管、量水设施、渠道上的闸等。节水灌溉工程应包括地面节水灌溉工程、喷微灌工程、喷灌工程、微灌工程、低压管道输水灌溉系统等。泵站应包括泵站枢纽布置、泵房、进水和出水建筑物、进水和出水流道等。村镇供水工程包括集中式供水工程、水源与取水构筑物、分散式供水工程等。

5. 机电标准

机电标准可分为水利水电工程水力机械设计信息模型应用标准和水利水电工程电气设备设计信息模型应用标准。机电标准中的水利水电工程水力机械设计信息模型应用标准主要是对水力机械设计信息模型的组织实施、工作流程、建模要求、数据要求、信息交换、建模要求、专业检查及成果交付等进行规范。水力机械应包含闸门启闭机、空气压缩机、输配电机械等。水利水电工程电气设备设计信息模型应用标准的内容与水力机械相似，应适用于水利水电工程电气设备信息模型的创建、使用和管理。

6. 金属结构标准

金属结构标准，即水利水电工程金属结构设备设计信息模型应用标准，主要是对水利水电工程金属结构设计信息模型的组织实施、工作流程、建模要求、数据要求、信息交换、建模要求、专业检查及成果交付等进行规范。

7. 施工组织设计标准

施工组织设计标准主要划分为水利水电工程导截流工程设计信息模型应用标准与水利水电工程施工组织设计信息模型应用标准，标准设置内容与金属结构类似。其中施工组织设计应包括施工总布置、施工总进度、主体工程施工、施工交通运输、施工工厂设施等。

（三）建造与验收标准

建造与验收标准包括 5 个分支标准，即建造与验收通用标准、土建工程标准、机电标准、金属结构标准、施工设备设施标准。

1. 建造与验收通用标准

建造与验收通用标准可分为信息模型施工应用标准、模型交付标准和施工监理信息模型应用标准。

信息模型施工应用标准应从施工应用管理和策划、深化设计、施工模拟、预制加工、进度管理、预算与成本管理、质量与安全管理、资源管理、竣工验收等方面提出水利水电工程信息模型的创建、使用和管理。

水利水电工程模型交付标准应将水利水电工程施工信息模型交付过程、水利水电工程设计主要成果节点的信息模型的精度要求，涉及施工阶段归档的相关条款纳入其中。

水利水电工程施工监理信息模型应用标准应从数据导入、施工监理控制和成果交付等方面提出水利水电工程施工监理信息模型的创建、使用和管理要求。数据导入包括施工图设计模型、施工过程模型及深化设计模型，施工监理控制包括质量控制、进度控制、造价控制、安全生产管理、工程变更控制以及竣工验收等，成果交付包括施工监理合同管理记录、监理文件档案资料等。

2. 土建工程标准

土建工程标准应划分为土石方工程施工信息模型应用标准、基础处理施工信息模型应用标准、混凝土工程施工信息模型应用标准、水工建筑物防渗信息模型应用标准。

土建工程标准中的土石方工程施工信息模型应用标准应规定水利水电工程土石方工程前期设计阶段数据成果导入，施工阶段 BIM 模型建模的方法、工作流程、数据格式，以及竣工交付标准。竣工交付标准应包括竣工验收信息内容、信息的检验交付、信息管理与使用等内容。

水利水电工程基础处理施工、水利水电工程混凝土工程施工、水工建筑物防渗的信息模型应用标准内容与水利水电工程土石方施工信息模型应用标准的内容大体一致。

3. 机电标准

水利水电工程机电标准主要是水利水电工程水力机械设备安装信息模型应用标准和水利水电工程电气设备安装信息模型应用标准两方面，其标准应包括内容与土建工程一致。

4. 金属结构标准

建造与验收中的金属结构标准，即水利水电工程金属结构设备安装信息模型应用标准，其标准应规定内容与土建工程标准一致。

5. 施工设备设施标准

建造与验收中的施工设备设施标准，即水利水电工程施工设备设施标准库。该标准主要规定 BIM 技术在水利水电工程施工设施设备管理中的应用，包括实施组织、建模要求、信息交换、专业检查及成果交付等。

（四）运行维护标准

应用标准中的运行维护标准主要有两类：通用标准、项目类标准。运行维护通用标准，即水利水电枢纽工程运行维护信息模型应用标准，该标准主要规定 BIM 技术在水电工程运行维护管理中的应用，包括空间管理、资产管理、维修维护管理、安全与应急管理及能耗管理等方面。运行维护项目类标准可划分为水利水电枢纽工程运营维护信息模型应用标准、河道治理与堤防工程运行维护信息模型应用标准、供水工程运行维护信息模型应用标准和灌排工程运行维护信息模型应用标准，其标准内容可参照通用标准内容制定。

四、管理标准

水利水电工程管理标准分为水利水电工程审批核准信息模型应用标准、水利水电工程业主项目管理信息模型应用标准、水利水电工程总承包项目管理信息模型应用标准和水利水电工程全过程咨询信息模型应用标准。管理标准分类如图 8-6 所示。

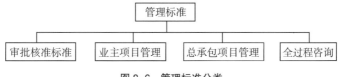

图 8-6　管理标准分类

水利水电工程审批核准信息模型应用标准应对 BIM 技术在水利水电工程审批或核准

中的应用做出规定,包括审批或核准专业 BIM 模型的数据内容及数据格式、应满足数据共享和协同工作要求,以及向行政主管部门交付的 BIM 模型和成果数据等。

水利水电工程业主项目管理信息模型应用标准应对业主管理模式下水利水电工程 BIM 管理流程、BIM 项目管理主要内容、各参与方 BIM 应用能力要求和工作职责、项目管理规定,以及各参与方协同工作等做出规定。

水利水电工程总承包项目管理信息模型应用标准应对总承包管理模式下水利水电工程 BIM 管理流程、BIM 项目管理主要内容、各参与方 BIM 应用能力要求和工作职责、项目管理规定,以及各参与方协同工作等做出规定。

水利水电工程全过程咨询信息模型应用标准应对水利水电工程全过程工程咨询 BIM 技术应用的主要内容、工作流程、组织模式、各参与方能力要求和工作职责、保障措施等做出规定。

第三节　提高水利水电工程的质量监管水平

一、水利工程质量监督管理的发展方向

(一)健全水利工程质量监管法规体系

我国对水利工程质量实行强制性监督,建立健全的法律体系是开展质量监督管理活动的有力武器,是建筑市场机制有序运行的基本保证。

完善质量管理法律体系,制定配套实施条例。统一工程质量管理依据,改变建设、水利、交通等多头管理,各自为政,将水利工程明确纳入建设工程范畴。制定出台建设工程质量管理法律,将质量管理上升到法律层面。增加中小型水利工程适用的质量监督管理法规标准,规范对其质量监督管理工作,保证工程项目质量。

尽快更新现行法律法规体系。随着政府职能调整,行政审批许可的规范,原有法律法规体系对质量监督费征收、开工许可审批、初步设计审批权限等行政审批事项已经被废止,虽然水利部及时发文对相关事项进行补充说明,但并未对相关法规进行修订,造成法规体系的混乱,干扰了市场秩序。

加大对保障法律执行的有关制度建设,细化罚则要求。为促使各责任主体积极主动地执行质量管理规定,应制定相应的奖惩机制,制定保障执法行为的有关制度。在法治社会,失去强有力的质量法律法规体系的支撑,质量监督管理就会显得有气无力,对违法违规行为不能做出有力的处罚,不能有效地震慑违法行为主体。执行保障法律体系的缺失,质量监督管理就会沦为纸上谈兵。制定度量明确的处罚准则,树立质量法律威信,才能真正做到有法可依、有法必依、执法必严。对信用体系建设中出现的失信行为,也应从法律角度加大处罚力度,强化对有关法律法规的自觉遵守意识。

注重与国际接轨。我国在制定本国质量监督管理有关法律规定时，应充分考虑国际通用法规条例，国际体系认证的标准规则，提升与国际接轨程度，有利于提高我国建设工程质量水平，也为增强我国建设市场企业的国际竞争力提供有利条件。

（二）完善水利工程质量监督机构

转变政府职能，将政府从繁重的工程实体质量监督任务中解脱出来。政府负责制定工程质量监督管理的法律依据，建立质量监督管理体系，确定工程建设市场发展方向，在宏观上对水利工程质量进行监督。

工程质量监督机构是受政府委托从事质量监督管理工作，属于政府的延伸职能，属于行政执法，这就决定了工程质量监督机构的性质只能是行政机关。在我国事业单位不具有行政执法主体资格，所以需要通过完善法律，给水利工程质量监督机构的正式明确独立的地位。质量监督机构确立为行政机关后，经费由国家税收提供，不再面临因经费短缺造成质量监督工作难以开展的局面。

工程质量监督机构负责对工程质量进行监督管理，水行政主管部门对工程建设项目进行管理，监督与管理分离，职能不再交叉，有利于政府政令畅通，效能提升。工程质量监督机构接受政府的委托，以市场准入制度、企业经营资质管理制度、执业资格注册制度、持证上岗制度为手段，规范责任主体质量行为，维护建设市场的正常秩序，消除水利工程质量人和技术的不确定因素，达到保证水利工程质量水平的目的。

工程质量监督机构还应加强自身质量责任体系建设，落实质量责任，明确岗位职责，确保机构正常运转。

（三）强化对监督机构的考核

质量监督机构以年度为单位，制定年度工作任务目标，并报送政府审核备案。在年度考核中，以该年度任务目标作为质量监督机构职责履行、目标完成情况年终考核依据。制定考核激励奖惩机制，促进质量监督机构职责履行水平、质量监督工作开展水平不断提高。

质量监督机构的质监人员严格按照公务员考录制度，通过公开考录的形式加入质监人员队伍，质监人员的专业素质，可以在公务员招考时加试专业知识考试，保证新招录人员的专业水平。新进人员上岗前，除参加公务员新录用人员初任资格培训外，还应通过质监岗位培训考试，获得质监员证书后才能上岗。若在一年试用期内，新进人员无法获得质监岗位证书，可视为该人员不具有公务员初任资格，不予以公务员注册。

公务员公开、透明的招考方式，是引进高素质人才的有效方式。

质检员可采用分级设置、定期培训、定期复核的制度。根据业务工作需要，组织质监人员学习建设工程质量监督管理有关的法律、法规、规程、规范、标准等，并分批、分层次对其进行业务培训。质监人员是否有效地实施质量执法监督，是否可以科学统筹发挥质监人员的作用，是建设工程质量政府监督市场能否高效运行的关键。

分级设置质监员对质监员本身既起到激励作用，又对质量责任意识起到强化作用。

（四）改进质量监督管理经费方式

由于各地市财政能力水平有较大差距，质量监督管理经费不能足额按时到位的现象普遍存在，有些地方水利工程建设质量与安全监督站自监督费改革后，虽然每年编制监督经费预算，但由于财政能力有限等原因，从未批准核发；尤其是近年来，国家重点开展小型农田水利工程项目建设，工程项目质量监督管理任务通常由县级水利质量监督机构承担。不可否认，农田水利工程建设任务越繁重的地区，政府财政能力越差，质量监督机构所需经费反而越多。所以，水利工程质量监督经费由财政划拨的方法虽然保证了质量监督机构的公正，但也引发了监督经费严重短缺的问题。对此可以借鉴国外工程质量审查监督费的收取模式，工程质量监督经费在工程建设投资中列支，在工程投资下达时，由财政部门按比例计提，按照工程建设进度向质量监督机构划拨。同时，对工程资金使用审计制度进行补充，通过工程审计的形式，监督财政部门将该费用按时足量划拨到位。

二、水利工程项目质量监督的建议与措施

（一）工程项目全过程的质量监督管理

强调项目前期监管工作，严格立项审批。水利工程项目应突出可研报告审查，制定相关审查制度，确保工程立项科学合理，符合当地水利工程区域规划。水利工程项目的质量监督工作应从项目决策阶段开始。分级建立水利工程项目储备制度，各级水行政主管部门在国家政策导向作用下，根据本地水利特点，地方政府财政能力和水利工程规划，上报一定数量的储备项目。储备项目除了符合规模、投资等方面的要求外，可研报告必须已经通过上级主管部门审批。水利部或省级水行政主管部门定期会同有关部门对项目储备库中的项目进行筛选评审。将通过评审的项目作为政策支持内容，未通过储备项目评审的项目发回工程项目建设管理单位，对可研报告进行完善补充。做好可行性研究为项目决策提供全面的依据，减少决策的盲目性，是保证工程投资效益的重要环节。

全过程对质量责任主体行为的监督。项目质监人员在开展工作时，往往会进入对制度体系检查的误区。在完成对参建企业资质经营范围、人员执业资格注册情况以及各主体质量管理体系制度的建立情况后，就误以为此项检查已经完成，得到存在即满分的结论。在施工阶段，质监人员把注意力完全放在了对实体质量的关注上，忽视了对上述因素的监控。全过程质量监督，不仅是对项目实体质量形成过程的全过程监督，也是对形成过程各责任主体行为的全过程监督，在施工前完成相应制度体系的建立检查，企业资质、人员执业资格是否符合一致检查后，在施工阶段应该着重对各责任主体质量管理、质量控制、质量服务等体系制度的运行情况、运行结果进行监督评价，对企业、人员的具体工作能力与所具有的资质资格文件进行衡量，通过监督责任主体行为水准，保证工程项目的质量

水平。

（二）加大项目管理咨询公司培育力度

水利工程建设项目实行项目法人责任制，是工程建设项目管理的需要，也是保证工程建设项目质量水平的前提条件。在我国，水利工程的建设方是各级人民政府和水行政主管部门，由行政部门组建项目法人充当市场角色，阻碍了市场机制的有效发挥，对建设市场的健康发展，水利工程质量的监督管理起到消极作用。水利部多项规章制度对项目法人的组建、法定代表人的标准要求、项目法人机构的设置等都进行了明确的规定。但在工程项目建设中，由于政府的行政特性，项目法人并不能发挥对工程项目质量负全责的作用。

政府（建设方）应通过招投标的方式，选择符合要求的专业项目管理咨询公司。授权委托项目管理咨询公司组建项目法人，代替建设方履行项目法人职责，对监理、设计、施工等责任主体进行质量监督。由专业项目咨询公司组建项目法人，按照委托合同履行规定的职责义务，与施工、设计单位不存在隶属关系，能更好地发挥项目法人的职责，发挥项目法人质量全面管理的作用。工程项目管理咨询公司是按照委托合同，代表业主方提供项目管理服务的；监理单位与工程项目管理咨询公司在本质上都属于代替业主提供项目管理服务的社会第三方机构。但是监理只提供工程质量方面的项目管理服务，工程项目管理咨询公司是可以完全代替业主行使项目法人权利的专业咨询公司。市场机制调控，公司本身的专业性，对项目法人的管理水平都有极大的促进。

国家应该对监理公司、项目咨询管理公司等提供管理咨询服务的企业进行政策扶持，可以通过制定鼓励性政策，鼓励水利工程项目法人必须同项目管理咨询公司签订协议，由专业项目管理咨询公司提供管理服务，并给予政策或经济鼓励，在评选优质工程时，也可作为一项优先条件。

（三）加大推进第三方检测力度

第三方检测是指实施质量检测活动的机构与建设、监理、施工、勘察设计等单位不存在从属关系。检测单位应具有水利部或省级水行政主管部门认可的检测资质。检测资质共有 5 个类别，分别是：岩土工程、混凝土工程、金属结构、机械电气和量测。现行水利工程质量检测制度是在验收阶段进行的质量检测活动，是在施工方自检、监理方抽检基础上进行的，虽然也属于第三方检测范畴，但是检测的对象是已完工的工程项目，是对工程质量等级的评定而不能起到监督作用，具有局限性。在施工过程中，施工单位的自检、监理单位的抽检通常都是由其内部的质量检测部门完成的。检测单位和委托单位是一种隶属关系，结果的准确性、可信度得不到保障，检测结果获得其他单位认同程度较低。

第三方检测是受项目法人（或项目管理公司）的委托，依据委托合同和质量规范标准对工程质量进行独立、公正检测的，只对委托人负责，检测结果准确性、可信程度更高。对工程原材料、半成品的检测，由第三方检测机构到依据施工进度计划或施工方告知的时间到施工现场进行取样，制作试验模块，减少了中间环节，改变了以往施工单位提供样本，检测单位只负责检测的模式，检测单位的结论也相应地由"对来样负责"改为对整个工程项目质量负责，强化了检测机构的质量责任意识。质量检测结果更加准确、公正，时效性更强。

在目前检测企业实力有限的形势下，检测结果的质量可信性和权威性有待提高。可以允许交叉检测，施工质量检测和验收质量检测由不同的检测机构进行交叉检测，分别形成检测结果，以确保检测结果真实可靠。推行第三方检测模式，遵循公正、公开、公平的原则，维护质量检测数据的科学性和真实性，确保工程质量。

（四）建立完善社会信用体系

建立全国统一的、全面的信用体系，制定信用等级评定标准，强化法律对失信行为的监督和制裁效力。有利于维护建设市场政策秩序，规范责任各方质量行为。不良行为的记录应该包括一个责任主体的不良行为和工程项目质量的不良记录，通过的工程质量和工作质量的记录在案并公开。

企业通过对监理、设计、施工、检测等在工程质量形成过程中的行为记录，与工程质量监督过程记录或者工程项目质量检查通知书联系起来，对本企业的不良行为进行记录，并通过信用体系平台，在一定范围内进行公开，制定维护信用的法规。守信受益，失信受制，通过利益驱动，在信用体系上建立的社会保证、利益制约、相互规范的监督制衡机制，强化了自我约束与自我监督的力度，有效地保证参与工程各方的正当权益。

（五）严格从业组织资质和从业个人资格管理

对从业组织资质和从业个人执业资格的管理，是对工程项目质量技术保障的一种强化。严格的等级管理制度，限制了组织和个人只能在对应范围内开展经营活动和执业活动，对工作成果和工作行为的质量是一种保障，也有效约束了企业的经营行为和个人的执业活动。对企业和个人也是一种激励，只有获得更高等级的资质和资格，经营范围和执业范围才会更广泛，有竞争更大型工程的条件，才有可能获得更大利益。

制定严格的等级管理制度，对从业以来无不良记录的企业和个人给予证明，在竞争活动中比具有同等资质的其他竞争对手具有优势；同时，对违反规定，发生越级、在规定范围外承接业务的行为、挂靠企业资质和个人执业资格的行为进行严格的处罚，行政和经济两方面的处罚。等级不但可以晋升，也可以下降。

加大对企业年审和执业资格注册复审的力度。改变以往只在晋级或者初始注册时严审，开始经营活动和执业活动后管理松懈的状况。按照企业发展趋势，个人执业能力水平提升趋势，制定有效的年审和复审制度标准，对达不到年审标准和复审标准的企业与个人予以降级或暂缓晋级的处罚。改变以往的定期审核制度，将静态审核改为动态管理，全面管理企业和个人的执业行为。

加大审核力度不能只依赖对企业或个人提供资料的审核力度，应结合信用体系记录、企业业绩、个人成绩的综合审核，综合评价。强化责任意识，利用行政、经济两种有效手段进行管理，促进企业、个人的自觉遵守意识，促进市场秩序的建立和市场作用的有效发挥。

第四节　加强水利水电工程的施工周期管理

近年来，随着群众对生态、民生问题的热烈关注，国家在水利工程建设方面的投入不断加大，水利行业发展日新月异。各级政府积极申建水利项目，完善当地水利设施，以求更好地保护民生和生态、保障生产和安全。然而，在传统的工程项目建设管理模式下，我国的水利工程普遍存在"重建轻管"建管脱节的问题，工程的总体效益并未得到充分发挥。全寿命周期管理则统筹了工程建设项目的决策、实施、运行管理等各个环节，将工程全寿命周期的整体最优作为管理目标，以使工程效益最大化。

一、全寿命周期管理的含义及特点

全寿命周期管理，即着眼于长远利益，采用先进的技术手段、管理方法，系统全面地考虑项目决策、实施、运营、报废等环节，以确保项目规划合理、工程质量达优、生产安全、运行管护可靠为前提，将工程全寿命周期的整体效益最优作为管理目标。针对工程建设项目，需要将前期项目决策阶段的开发管理和后期投产使用阶段的运行管理与项目实施阶段的项目管理统筹兼顾，系统优化全寿命周期中的各个环节，追求工程项目全寿命周期造价最低、质量最优、效益最大。

全寿命周期管理有五大特点：

（1）它是一个系统工程，各阶段目标及最终目标（资产的社会、经济以及环境效益最大化）的实现需要有系统、科学的管理作支撑。

（2）贯穿于项目建设的全过程，各阶段有不同的目标和特点，并且环环相扣。

（3）持续性：除具有阶段性外，还具有整体性，这就要求各阶段工作之间要有较好的持续性。

（4）参与主体较多，相互联系、相互制约。

（5）复杂性：由其系统性、阶段性、多体性所决定。

二、全寿命周期管理对水利工程的重要意义

新中国成立以来，水利建设一直受到国家的重视，越来越多的水利工程项目上马投入建设，一贯沿用的传统工程项目管理模式存在各种问题："轻设计、重施工"——重视工程建设实施阶段各项措施的研究而忽视了前期设计阶段对工程整体效益发挥的影响。"重建轻管"——上项目搞建设很积极、项目建成移交后无人管护。"建管脱节"——水利工

程项目要求建设、管理单位须分开组建，极易发生建管脱节。因此，针对水利工程项目特点运用合适的管理方法对工程效益的发挥显得尤为重要，而全寿命周期管理的理念以其宏观预测和全面控制两大特点在交通运输系统、航天建设、国防科技、电力行业等领域得到了广泛应用，也为其在水利工程中的应用提供了可借鉴的经验。

水利工程全寿命周期通常包括：立项阶段（前期工作）的项目建议书、可行性研究和初步设计等，实施阶段（建设期）的施工准备、施工建设和竣工验收等，以及后期的运行维护等，各阶段联系紧密。

三、全寿命周期管理在水利工程中的综合利用措施

全寿命周期管理所特有的保障工程项目设计的先进性、保障工程项目按照设计要求建设、使工程项目的设计功能不断优化等内在机制，要求在立项阶段综合考量水利工程在全寿命周期中的社会、经济及环境效益，提高项目决策策划的深度和力度，也要预先综合考量工程建设、运行管理中可能存在的隐患，使设计更具科学性、合理性；要求从源头预先考虑资金保障的问题，最大限度降低建设阶段资金不到位的风险；要求对成本、质量、进度、人力资源及风险等进行集成管理，在建设期结合工程实际调动各部门工作人员的主观能动性，养成一种共同参与、主动优化、主动交流、自觉控制工程质量的建设机制。

（一）立项阶段

立项阶段的主要责任方和协调方为咨询方，负责将业主要求、市场情况、国家政策及设计方意见等相关信息进行收集、分析和处理，并及时向业主方、设计方反馈信息处理的结果；业主方依据资金来源及规模，综合考虑其他因素，选定最优方案后，咨询方再进行方案论证，同时征求运营方、设计方的意见和建议，分析处理各方反馈的信息，处理过程和结果在相关参与方确认同意后，将最优方案进行进一步细化、优化。

（二）勘测设计阶段

勘测设计阶段的主要责任方和协调方为勘测设计单位，依据可行性研究报告和规划要求等制定符合政府规划的初步设计方案，在业主初步确定的前提下，组织业主方、咨询方、施工方和运行管理方就初步设计方案从项目建设的技术、经济、实用和后期的运行、管理维修等各方面提出修改意见，设计方将各方意见进行分析、整合后反馈给业主方，业主方在综合考虑后给出最终意见，设计方按照业主意见调整初步设计方案，并向各参与方反馈调整结果，经多次讨论与反馈达成一致意见后确认并执行。

（三）建设阶段

施工建设阶段主要责任方是施工单位，主要协调方是监理方。施工建设阶段，由施工方负责收集业主、设计、现场情况、气象资料等信息，并及时反馈给业主、设计和监理方，业主方与参建各方就处理措施反复讨论、反馈后，达成一致意见并执行。工程完工后，由业主方按照相关规程规定组织相关单位进行验收。施工建设阶段，施工单位、监理

单位及政府监督机构均需根据其自身在项目建设中的职责做好相关管理工作。施工单位要从横纵两个方向做好监督管理：横向，包括对设计文件、施工图的质量的监管，以及对业主等旨在减少成本而降低质量标准的监管；纵向，包括对进场材料的质量监管、对分包单位和施工作业人员的管理以及施工工序全过程的管理。监理单位要在旁站监督的基础上，在职责和权利范围内，做好在验收进场材料、落实安全措施、整理归档技术资料、旁站验收隐蔽工程及协商确定设计变更等方面的监督管理。政府监督机构要根据职责及权利范围，对工程实体质量以及工程质量检测机构、施工单位和监理单位的质量行为做好监管。

（四）运行管理阶段

运行管理阶段的主要负责方是业主或者运行管护单位，负责收集设计、施工建设等过程的资料，结合项目完成后的运行、管理、维修等实际情况进行后评价。项目后评价主要采用对比法，将工程完工后调查所得的工程实际投资及质量情况，与立项阶段所确定的投资、质量目标进行对照，查找出入及偏差，分析原因，总结经验教训。同时加强运行管理，控制运行成本，寻求不同途径使工程功能和作用得到最大限度的发挥，从而提高工程效益。通过合理的组织形式，采取相应的方法与措施，对建设工程项目的全寿命周期进行综合性管理，将全寿命周期管理运用于工程建设的全过程，并根据项目不同阶段的不同特点，分别制定各阶段的控制目标，协调各环节之间的关系，使得总体目标达到最优，从而促进水利工程效益的最大化发挥。

第五节　做好安全管理

危险源的系统管理包括危险源管理的规划、危险源识别、危险源评估、应对措施的确定以及危险源的监控。其中，危险源的识别是危险源系统管理的基础和重要组成部分，危险源识别是施工现场管理者识别危险来源、确定事故发生条件、描述危险源特征并评价危险源影响的过程。危险源的辨识，坚持"横向到边、纵向到底、主次分明、不留死角"的原则，对水利水电施工场所（坝体、隧洞、厂房、输送电等工程的施工现场）以及生活区域进行识别。

一、危险源的概念、分类及特征

（一）危险源的定义

水利工程施工现场复杂而多变，施工现场的危险源是导致安全事故发生的根源，它具有潜在的能量或危险物质，在一定的条件下能量爆发或是危险物质的释放，导致事故的发生，造成人员伤害、经济损失或工作环境的改变。危险源是导致安全事故的主要原因，所以对施工现场危险源的辨识、评价以及控制，就成了施工现场安全管理的重点内容。

（二）施工现场常见的危险源及不同标准的分类

水利工程施工系统纷繁复杂，危险源的种类多，而且存在形式多样。根据不同的划分标准对危险源进行分类，有利于不同种类危险源的辨识以及评价方法的确定，使危险源的管理越来越清晰。目前，对危险源种类的划分有不同的标准，不同的标准产生的结果也不尽相同。笔者主要介绍以下两种分类方法：

1.按照导致伤亡事故和职业危害的直接原因分类

物理性危险源主要包括设备的缺陷、防护设施的缺失、明火、造成伤害的高温或低温物质、地质不良、标志缺失等物理性危险。

化学性危险源主要包括易燃易爆的气体和炸药等、有毒有害的化工原料和易腐蚀性化学原材料等。

生物性危险源主要包括具有致病后果的微生物（例如细菌、病毒等）、可以传染病毒细菌的媒介物、具有致害的动植物以及其他生物等。

心理、生理性危险源包括负荷超限、心理和情绪异常、辨识功能和感知不正常等。

行为性危险源指挥失误以及错误、操作和监护失误、其他主观行为错误。

其他危险和有害因素。

2.按照危险源在事故过程中的作用划分

第一类危险源。干扰人体和外界进行正常能量交换的危险物质的存在和能量的意外释放是产生危害的最根本原因，通常把危险物质和可能发生意外释放的能量（能量源或能量载体）称为第一类危险源。它是伴随着施工过程而必然存在的各种物质和能量载体，是事物运行的动力，是不可以避免的，如电能、热能、机械能、爆炸物品、放射性物品等，所以又称为固有危险源。一般来说，系统具有的能量越大，存在的危险物质越多，发生危险的可能性越大。

第一类危险源的存在是事故发生的前提，是导致事故发生的能量主体，没有第一类危险源就谈不上能量的意外释放，也就无所谓事故，第一类危险源决定事故后果的严重程度。

常见的第一类危险源为：生产、供能的装置、设备；使物体或人体具有较高势能的装置、设备、场所；能量的载体；危险物质（各种有害、有毒、易燃易爆的物品等加工、储藏和运输危险物质的仓库、厂房和设备）。

第二类危险源。造成约束失效、限制能量和危险物质失控的各种不安全因素称为第二类危险源，又称失效危险源。第二类危险源的出现是安全事故发生的必要条件。如果第一类危险源中的危险物质和隐藏的能量被很好地控制或是仍在可以接受的范围内，就不会发生事故。事故发生时，第二类危险源释放出的能量决定事故发生可能性的大小，事故的发生往往是两类危险源共同作用的结果，共同决定危险源危险性的大小和事物的发展。

第二类危险源包括人的失误、物的故障和不良的人机交互环境。人的失误主要指人的操作偏离了预定的标准，产生了不安全因素；物的故障是指机械自身的故障、本身的不安全设计和安全防护设施的设置失误等；不良的环境指不利于施工的自然环境和施工现场环境以及不健康的生活环境。

（三）危险源的组成要素

1.潜在危险性

潜在危险性是指事故带来的后果的危害程度或者损失大小，或是危险源可能释放的危险物质或能量强度。潜在的危险性可以用释放的危险物质量的大小或是能量的多少来衡量，反应越强烈，潜在的危险性越大。危险源的这一要素决定了所能造成的事故的严重程度。

2.存在条件

危险源的存在条件是指危险源所处的物理、化学和约束条件状态。包括材料的储存条件、物体的理化性能、设备的完好程度及相应的防护条件、工人的操作熟练程度、安全管理人员的管理水平及管理条件。

3.触发因素

触发因素是指引发危险源产生安全事故的因素。在触发因素的影响下，危险源转变成危险状态，导致了安全事故的发生。主要包括人为因素、管理因素和自然因素。它虽然不是危险源的同有属性，但是它是危险源转化为事故的诱导因素，对于每一类危险源来说，触发因素都不尽相同，对于夜间作业，照明不到位或是天气不好可能成为触发因素；对于高处作业，吊装装置不合格也可能成为触发因素。

4.危险源与事故之间的关系

一起事故的发生，是固有危险源和失效危险源相互作用的结果。在事故的发生和发展过程中，二者相辅相成、相互作用，前者是危险发生的前提，决定事故发生的严重程度；后者是事故发生的必要条件，决定事故发生的可能性的大小。

二、施工现场危险源辨识概述

（一）危险源识别概念

识别危险源的工作主要包括识别危险源的来源、确定危险源发生的条件、描述危险源的特征并且确定危险源的影响程度。辨识危险源将给施工安全带来隐患的因素识别出来，并为危险源的管理奠定基础，为应对措施的建立提供参考。

（二）危险源辨识的特点

危险源的辨识是危险源管理的基础工作和首要任务，也是最重要的步骤。只有从施工过程中甄别出危险因素，才能进行危险源的评价、应对措施的确定和危险源的监控。危险源识别有自身的特点，掌握了这些特点，对于全面、完整地识别危险源起到很好的指导作用。

1. 全员参与性

施工过程中的危险因素的识别不仅是项目经理或是安全管理人员的工作，而是所有施工人员都应该参与，共同完成的工作。因为项目组每个成员的工作均会有风险，且他们都有各自工作的经验和风险管理经历。

2. 全周期性

施工风险无时无刻不存在，存在于施工的每一个步骤、每一个阶段，这个特点决定了施工危险源识别的全寿命性，即施工项目全过程中的危险都属于识别的范围。

3. 动态性

危险源识别并不是一次性的，在施工开始前、实施过程中甚至收尾阶段都要进行风险识别。根据不断变化的内部条件、外部环境和施工范围的变化情况适时、定期进行风险辨别是非常有必要而且是重要的。因此，在施工开始前、施工过程中、主要的施工工序或是施工工艺发生变更前进行危险源的有效辨识，它必须贯穿于施工全过程。

4. 信息性

在危险源辨识之前需要做许多基础性工作，相关信息搜集是其中重要工作之一。信息的全面性、及时性、动态性和准确性决定了项目危险源辨识工作的质量和结果的准确性和精确性，识别工作具有信息依赖性。

5. 综合性

危险源识别是一项综合性较强的工作，人员参与、信息收集和范围都具有综合性，识别的工具和方法也具有综合性，即在识别过程中注意多种技术和工具的联合使用。

三、水利工程施工现场危险源辨识的基本理论与方法

（一）危险源辨识原则

1. 科学性

对危险因素的辨识是分辨、识别和分析确定系统内存在的危险源，这是对事故进行预测的一种方式。要求在进行危险源辨别时有科学的安全理论、方法和手段，通过我们的工作，真正能揭示系统的安全状态，危险源或是有害因素的存在方式和存在部位，事故发生的原因、机理以及事故的变化规律，并予以准确描述、表示，以定性、定量的概念予以解释。

2. 系统性

危险源存在于生产的每个方面、每个时刻，因此对系统内的危险源进行全面的、详细的、系统的分类，研究各系统之间的相关关系，每个系统内的子系统之间的相互约束和制约关系，分清楚主要危险因素、次要危险因素，并确定危险性的大小。

3. 全面性

既要辨识出施工过程中基本施工工序、施工工艺和施工技术中的危险源，也要对每个工程中特有的危险源进行识别，考虑其特有的危险性。全面辨识其所有的危险性，不要发生遗漏，以免留下隐患，影响工程施工的顺利进行。

4. 预测性

对于危险源的辨识，不仅要注重危险性大小的辨识，还要明白危险因素的触发条件以及危害的发展趋势，对以后危险源的辨识及预防提供历史资料和借鉴。

（二）危险源管理系统分解结构

施工现场的危险源种类繁多，施工环境以及条件的多变性导致危险源也在不断地变化中，很难掌握其发展的内在规律性。同时，它的多变性导致辨识工作的难度。因此，通过系统分解的方法，进行深入研究。可以将规定的辨识时间段的施公现场作为一个系统，将系统划分至适合研究的层面，进行分别辨识。

1. 工作系统的概念

在某一特定的时间、某一特定场所内，相互影响、相互依赖，需要通过协调才能保持其在可以接受的危险范围内进行有序工作的集合。将工作系统作为危险源辨识的基本单位是运用系统观点解决问题的基本要求，这样才能全面地、准确地认识确定危险源。

危险源涉及的施工活动相互之间都是有联系的，所以危险源也可以互为引发原因，以时空为纽带联结在一起。根据不同分类标准，系统可以细分为若干个子系统，每个子系统又可以分为若干个小的子系统，这样可以做更进一步分析。对于辨识得到的危险因素进行分类，将性质相同或相似的危险源进行整理合并，再进行量化研究。

2. 工作系统的分解

同一个施工系统有不同的结构分解方法，系统的分解应考虑施工系统的特点和施工系统危险源的特点，将两者结合起来。工作系统的分解图是一个组织工具，它通过树状图的方式对系统的结构进行逐层分解，以反映组成该系统的所有工作任务，对于不同的施工现场，结构的分层数也是不一样的。在系统结构图中，矩形框表示工作任务，矩形框之间的连接用连线表示。

（1）以单位工程为单元进行系统分解。将一个工作系统划分为若干个单位工程，以每一个单位工程为单元进行分解。按照分部分项工程，单位工程可分为安全管理工程、脚手架工程、基坑支护与模板工程、施工用电工程等；如按照施工作业区不同，单位工程可分为施工作业区、备料区、生活区等。

这个分解的方法是按照施工项目管理要求和危险源辨识的系统性原则来确定的，每一个划分的最小模块都包括影响全局安全的全局性危险源和影响范围较小的局部性危险源，如图 8-7 所示。

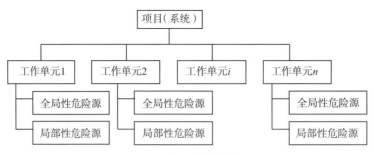

图 8-7 工作系统分解方式之一

（2）以施工现场常见事故的类型来划分。以施工现场常见的事故为分类标准，高处坠落、施工坍塌、物体打击、机械伤害、起重伤害和触电等，以此为基础，以工作面为依据进行进一步分解，如图 8-8 所示。

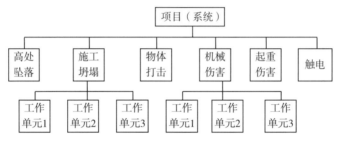

图 8-8 工作系统分解方式之二

在施工现场进行系统分解工作时，为了保证系统分解的可操作性，必须注意考虑施工现场的实际情况，把工程实际和理论结合起来，充分考虑水利工程施工现场的施工工艺特点、施工要求和作业步骤，把这些情况联结成统一的整体，不能人为地、机械地割断，确保系统的统一性。

（三）危险源的辨识过程

施工现场危险源的识别是危险源管理的第一个过程，而危险源的识别过程一般分五步走：辨识系统的确定、危险源辨识、分析危险源存在条件、分析危险源触发因素、事故分析。在识别工作开始之前，要注意搜集相关方面的资料、做相关的工作，保证辨识的全面性和准确性。

1. 工程相关资料

例如施工项目的可行性研究报告、初设报告、施工图以及各类验收文件以及危险整改方案等。

2. 施工安全标准和相关法律文件

与本项目有关的设计、施工规范，安全检查标准，与设计和施工有关的法律法规、行业规定、管理制度等。

3. 与本项目类似的案例

借鉴过去类似项目的经验和教训，从中可以得到问题及其解决的办法，以此来辨识可能对现在的项目产生影响的危险源。

4. 采访项目参与者

向曾经参加过类似项目的安全管理人员或是项目经理进行咨询，得到第一手资料。

第一步，辨识系统的确定。水利工程的施工现场单项工程比较多，每个工程都有自己的特点，用途不同，设计等级不同，导致施工作业方法、工艺和过程都不尽相同。在进行工程布置的设计时，要从整体上考虑，使有限的空间得到最高效的利用，并保证工程的安全。同样地，在对建设施工现场危险源辨识时，也要有系统的观点，将整个工程项目作为一个系统，这个系统就是危险源辨识的对象，是总系统。如果系统选取得过大，浪费人力、物力，还会造成不必要的困扰；若系统选取得过小，会造成遗漏，得不到全面的分析。为了保证危险源正确、全面地辨识，通过系统分析的方法，对整个施工现场进行危险源辨识，根据对系统的分类不同，得到的各子系统也不相同，比如，可以根据工程各个建筑物布置的不同分类，可以根据安全措施主次分类，也可以根据作业环境的不同分类。总之，分类的方法很多，最重要的还是辨识的全面性和准确性。

第二步，危险源辨识。在确定辨识系统并分类后，开始危险源的辨识工作。危险源的辨识工作可以分两步进行：一是危险源的初始辨识，根据划分的系统分类，分别确定不同子系统的主要危险源有哪些；二是危险源的二次辨识，在初始辨识的基础上，进行进一步细致的辨识，得到引起事故本质的危险源。为正确评价危险源的危险性奠定基础。

第三步，分析危险源存在条件。第一类危险源的存在，是事故发生的根本原因，所以要分析危险源存在的条件，主要还是第一类危险源。第一类危险源是固有危险源，是不可能消除的，只能通过措施和手段维持安全状态。

第四步，分析危险源触发因素。危险源的触发因素是引发事故的直接原因，积累到一定程度以后，引发事故的爆发。根据大量的案例分析可以得到，触发因素往往是第二类危险源，第二类危险源归根结底还是管理的原因，所以要加强施工过程的安全管理，约束人的行为，保证物的正常运转，减少触发因素，保证安全。

第五步，事故分析。对得到的危险源的危险性进行简单预测，可能导致的损失是多少或是造成多大的伤亡，从而确定危险源的危险等级。

5. 辨识时需要注意的问题

第一，在对危险源进行识别时，要考虑三种时态、三种状态、三个所有。

三种时态：过去、现在、将来。

（1）过去。过去的作业活动过程中发生过的各种安全事故给人们留下了惨痛的教训，每次事故发生后，都会有相应的事故调查、原因分析和预防对策。所以，在进行危险源辨识之前，通过安监部门、网络、企业等多种途径得到以前的事故记录，明确施工现场的隐患，将其纳入不安全状态，充分辨识危险。

（2）现在。现阶段的作业活动、管理状态和设备的运转情况的安全控制状况。

（3）将来。设计变更导致施工过程发生变化，机械或设备更新、报废等产生的未知的危险因素。

三种状态：正常、异常、紧急情况。

（1）正常。施工活动按要求正常进行、设备正常运转或是在可以控制的范围内正常工作的状态。

（2）异常。作业活动或设备等周期性或临时性工作的状态，不是活动或机械的常态。比如设备的停止、检修等状态。

（3）紧急情况。在汛期发生的洪涝灾害、火灾、交通事故、食物中毒等突发性事件。从安监部门的人身伤亡事故统计报告中发现，在非常规作业时发生的安全事故占有很大的比例。因此，注重非常规作业，辨识非常规作业时的危险源的类型，并有针对性地采取预防措施，也是避免安全事故发生的途径之一。非常规作业指除正常工作状态下的异常或紧急作业情况，比较典型的有故障维修和定期保养等作业。非常规作业工作的不确定性和不连续性是它与常规作业最大的不同。例如，在故障维修过程中，辨识出"有无防止设备误启动的锁止装置"这一危险源，对避免维修人员受伤起到了很好的保护作用。

三个所有：所有人员、所有活动、所有设施。

（1）所有人员。包括项目经理、现场安全管理人员和施工现场的操作人员等，尤其是交叉作业或是进行新的工序时，对工人做好技术交底，保证人身安全。

（2）所有活动。包括施工前的准备工作、施工过程中的作业活动以及施工完成后的整理工作，所有活动都需要依据安全技术操作规程按步骤、保质保量地完成，确保工程的顺利进行。

（3）所有设施。在施工开始前对所有机械设备、电气设施等进行安全检查，保证顺畅运行；在施工工期进行时，定期对设施和设备进行检修，对于磨损或已经损坏的部件要及时更换。

第二，识别危险源时注意哪些典型的、罕见的危害类型。

（1）机械危害。加减速时、活动的零件、旋转的零件、弹性零件、角形部件、机械活动性、稳定性等。

（2）电气危险。带电的部件、静电现象、短路、过载、在引发故障的条件下转变为带电零件等。

（3）热危险。热辐射、火焰、具有热能的物体或材料等。

（4）噪声危险。作业过程、机械运转、气体高速泄漏等。

（5）振动危险。设备的振动、机器的移动、运动部件偏离轴心、刮擦表面等。

（6）辐射危险。低频率和无线频率电磁辐射、光学辐射等。

（7）与人类工效学有关的危险。出入口、指示器的位置、控制设备的操作、照明等；不适宜的作业方式、不规律的作息时间等引起的人体过度疲劳危害。

（8）与机器使用环境有关的危险。雨、雪、风、沙尘、潮湿、粉尘等。

（9）综合危险。重复的劳动＋费力＋高温环境等。

（四）危险源的辨识方法

危险源辨识的方法有许多种，分类总结，大致可以分为两种，一种是直观经验法，一种是系统安全分析法。

1. 直观经验法

有害因素和危险具有各自的特点，所采用的辨识方法也不完全一样。采用直观经验法有可以参考的先例，它包括类比推断法和对照分析法。

（1）类比推断法。该方法适合有类似工程经验可以参考的情况。在进行一项工程之前，搜集相同或相似工程中作业条件的经验以此类比推断出在建工程的危险因素和有害物质，并且具有较高的可信度。这就需要在实践中不断积累工程事故的经验，为危险源的辨识提供宝贵的资料。

（2）对照分析法。对照施工有关的法律、法规、建设标准、检查标准等或者依靠安全管理人员以及施工班组人员的经验和判断能力，对危险因素进行分析。该方法简单、容易执行，但更多的是借助人的施工经验和阅历，所以该方法主观影响成分比较大，有一定的局限性。

2. 系统安全分析法

对于复杂系统的危险源辨识，危险辨识工作比较困难，需要更多的理论知识，仅仅凭借经验是不够的。所以对于复杂的系统，应采用系统安全分析法。

（1）安全检查表法。为了查找工程、系统中的各种危险因素，首先把检查对象加以分解，根据不同的分类标准，将大系统分解成若干个小系统，将施工项目可能发生的潜在危险列于一个表上，具体是以判分或提问的形式，逐一对所列的危险源进行检查，避免遗漏，这种方法称为安全检查表法。在编制检查表之前，需要参考的资料包括：有关方面的国家标准、规程和规范，国内外相同或相似的案例，工程施工方面的相关资料等。将现有的施工条件与上述资料进行对比分析，得到不同分类系统的检查表。

安全检查表可以根据预定的目标进行安全检查，突出重点、避免遗漏，便于发现和查明各种不安全因素；它可以针对不同的分类系统编制不同的安全检查表，实现安全检查的标准化和系统化；安全检查表也可以作为现场人员履行职责的检查凭证，更好地贯彻落实安全生产责任制，提高现场人员的安全管理水平；安全检查表关系到每位现场职工的利益，将安全工作落实到每一个工人身上，争取做到"群防群治"；安全检查表的应用时间和范围比较广泛，可以应用到工程工期的任何时候和任何一个系统或子系统。安全检查表的缺点是比较依赖人的工程经验和认知水平，所以在一定情况下可能会引起偏差。

（2）德尔菲法。德尔菲法指的是反馈匿名函询方法。它的具体做法是：针对所索预测施工危险源的问题征得相关专家意见之后，将专家的意见进行分类整理、归纳和计算、数据统计，再一次以匿名的方式反馈给原来的专家，征求他们的意见，完成一轮之后再集中，再反馈，往复循环，直至得到稳定的意见。其过程表示如下：匿名征求数位相关专家意见—归纳、计算、统计—匿名反馈给相关专家—归纳、计算、统计……若干轮后，停止。

德尔菲法的应用步骤如下：

第一步：选择企业内部的专家和外部专家并组成小组，无论是企业内部还是外部专家，他们不见面，并且相互不了解。

第二步：每位专家针对匿名要求所研讨的内容进行分析，并以匿名的方式反馈回来。

第三步：在每一轮结束后所有参与的专家都会收到分析答案，并要求所有参与匿名分析的专家在这一轮反馈的数据基础上重新分析，根据实际情况，该程序可重复多次。

四、水利工程施工现场安全管理

（一）现场安全管理组织结构的建立

项目部安全管理组织是以项目经理为首，以专职的岗位安全管理为核心，以各专业施工队负责人为骨干、班组长及施工人员全员参与的、安全监督管理层和安全管理实施层既独立设置又互相依托和紧密联系的安全管理体系，监理单位介入项目安全管理工作。项目部要成立安全工作领导小组，项目负责人为组长，明确一名安全副主任，具体抓现场安全管理。专职安全管理人员负责对安全生产进行现场监督检查，发现安全事故隐患，及时向项目安全生产管理机构或者项目安全副主任报告，对违章指挥、违章操作的行为应立即制止。

（二）现场安全管理责任制

项目部主要责任人为安全生产第一责任人，对安全生产负全面领导责任。技术负责人为本单位安全生产的技术责任人，对生产经营中的安全生产负技术领导责任。项目部安全主管对项目部安全生产工作负直接领导责任。为明确责任，强化以第一责任人为中心的安全生产责任制，企业要建立企业—项目部—作业班组—作业人员的安全管理责任链，逐级签订安全责任书的安全管理责任制，将安全生产管理职责分解到各个岗位。

（三）现场安全管理用人机制

坚持"以人为本"，实施有效的情绪管理措施。安全隐患有 3 类，即人的不安全行为、物的不安全状态、管理上的缺陷。人的喜怒哀乐等各种各样的情绪导致在工作中产生各种各样的问题，影响项目的正常运转，甚至引发安全事故。例如，个人方面：引导员工主动进行自我情绪管理、主动关心员工的生活。工作方面：对人力资源进行合理的分配、建立公平公正的工作氛围、加强管理者与员工情绪沟通和交流、尊重和认同员工、引入先进的管理经验。

参考文献

[1] 程令章，蒋泰稳，仁寿所，等.浅谈水利水电工程中的施工组织设计——评《水利水电工程施工》[J].水利水电技术，2020，51（5）：191.

[2] 刘振楠.浅谈水利水电工程投标阶段施工组织设计的编制 [J].农业科技与信息，2019（14）：72-73.

[3] 谭支博.探究施工组织设计对水利水电工程造价影响 [J].山东工业技术，2019（5）：123.

[4] 刘清松.水利水电工程造价受施工组织设计制约分析 [J].河南水利与南水北调，2018，47（6）：64-65.

[5] 段家贵.水利水电工程施工组织设计发展综述 [J].城市建设理论研究（电子版），2020（17）：107.

[6] 熊文，李志军，黄羽，等.中华人民共和国长江保护法要点解读 [M].武汉：长江出版社，2021.

[7] 林帼秀.企业环境管理（第 2 版）[M].北京：中国环境出版集团，2020.

[8] 刘殊.生态影响类建设项目环境保护事中事后监督管理机制研究 [M].北京：中国环境出版集团，2020.

[9] 王国永.现代水治理中的行政法治研究 [M].北京：中国水利水电出版社，2020.

[10] 吕忠梅.环境法新视野（第三版）[M].北京：中国政法大学出版社，2019.

[11] 蔡守秋.中国环境资源法学的基本理论 [M].北京：中国人民大学出版社，2019.

[12] 生态环境部环境工程评估中心.建设项目环境影响评价全过程管理及高新技术研究与实践 [M].北京：中国环境出版集团，2019.

[13] 冯彦.国际河流水资源利用与管理 [M].北京：科学出版社，2019.

[14] 章丽萍，张春晖.环境影响评价 [M].北京：化学工业出版社，2019.

[15] 董哲仁.生态水利工程学 [M].北京：中国水利水电出版社，2019.

[16] 刘洪岩.生态法治新时代从环境法到生态法 [M].北京：社会科学文献出版社，2019.

[17] 奚旦立.环境监测 [M].北京：高等教育出版社，2019.

[18] 汪劲.环境法学（第四版）[M].北京：北京大学出版社，2018.

[19] 曹晓凡.建设项目环境影响评价监管执法实施操作指南 [M].北京：中国民主法制出版社，2018.

[20] 吕忠梅. 法国环境法典第一至三卷 [M]. 莫菲，刘彤，葛苏聃，译. 北京：法律出版社，2018.

[21] 孟文娜. 水利工程环境管理法律问题研究 [D]. 沈阳：辽宁大学，2022.

[22] 戈慧琴. 浅谈概预算编制在水利工程中的重要性 [J]. 水利建设与管理，2011（1）：65-66.

[23] 王建叶. 浅谈水利工程建设项目超概算控制 [J]. 陕西水利，2008（3）：59-60.

[24] 吴湘利. 水利工程建设中的超概算成因和防范策略分析 [J]. 中国高新技术企业，2017（1）：182-183.

[25] 袁艳霞. 水利工程建设超概算原因及对策 [J]. 山西水利科技，2013（5）：18-19.

[26] 陈红芸. 当前水利工程造价工作存在的问题及建议 [J]. 黑龙江水利科技，2012，40（9）：169-170.

[27] 孙亚南. 水利工程造价全过程控制与管理探析 [J]. 地下水，2019（5）：217-218.

[28] 杨西淼，孙军华. 浅谈水利工程项目合同管理的现状与对策 [J]. 建筑工程技术与设计，2018（12）：3074.

[29] 孙宝贵. 浅谈水利工程建设合同管理 [J]. 科技创新与应用，2012（19）：137.

[30] 余勇泰. 加强工程合同管理降低项目运营风险 [J]. 河南水利与南水北调，2018（9）：2.

[31] 李嘉智. 对水利工程项目合同管理的探讨 [J]. 建材发展导向（下），2017（1）：2.

[32] 陈克庄. 浅谈水利工程建设项目合同管理 [J]. 建筑与装饰，2018（15）：2.

[33] 刘海丽. 浅谈水利工程项目施工合同管理 [J]. 城市建设理论研究（电子版），2014（32）：2463.

[34] 周玲玲. 水电水利工程中的合同管理 [J]. 环球市场，2019（1）.

[35] 刘宇飞. 水利工程项目合同管理与优化 [J]. 河南水利与南水北调，2019，48（10）：53-54.

[36] 陈正光. 谈水利水电工程施工进度管理问题 [J]. 工程建设与设计，2018（15）：298-300.

[37] 郭建军. 水利水电工程施工进度管理分析 [J]. 技术与市场，2018，25（4）：197，199.

[38] 田国安. 试析水利水电工程项目施工成本管理及其控制措施 [J]. 智能城市，2018，4（7）：159-160.

[39] 郑海平，高玲玲，王光英. 水利水电工程施工进度管理 [J]. 河南水利与南水北调，2017（6）：83-84.

[40] 丁明明. 水利水电工程施工进度管理分析 [J]. 科技展望，2016，26（24）：106-107.

[41] 何俊. 高标准农田水利工程项目进度管理研究 [D]. 南宁：广西大学，2017.

[42] 石惠芳. 水利工程建设进度管理的风险与控制 [J]. 山西水利，2018，34（10）：50-52.

[43] 赵塞洲 . 水利工程施工进度管理与控制方法 [J]. 内蒙古科技与经济，2017（6）：18-19.

[44] 马祥 . 水利工程施工进度管理与控制方法分析 [J]. 工程技术研究，2017（1）.

[45] 王元 . 新时期小型农田水利工程管理问题与对策研究 [J]. 住宅与房地产，2019（33）：131.

[46] 岳勇 . 小型农田水利工程运行管理策略探究 [J]. 农家参谋，2019（14）：197.

[47] 王海燕 . 如何加强小型农田水利工程的运行管理工作 [J]. 农业科技与信息，2018（3）：120，128.

[48] 李洪涛 . 水利工程运行管理与水资源的可持续利用分析 [J]. 农业科技与信息，2019，（3）：109-110.

[49] 骆涛 . 水利工程建设管理模式创新与政府职能转变 [J]. 水利建设与管理，2018，38（5）：1-4.

[50] 常继成 . 水利工程建设项目管理模式探讨 [J]. 水利水电工程设计，2019，38（3）：1-4.

[51] 赵明伟 . 项目管理总承包在水利工程中的探索与实践 [J]. 中国水利，2018（10）：35-36.

[52] 孙继德，傅家雯，刘姝宏 . 工程总承包和全过程工程咨询的结合探讨 [J]. 建筑经济，2018，39（12）：5-9.

[53] 武建平 . 工程总承包模式下全过程工程咨询业高质量服务要点分析 [J]. 建筑经济，2020，41（S2）：28-32.

[54] 苗丰慧 . 信息化技术在水利工程建设管理中的应用 [J]. 农业科技与信息，2019（7）：119-120.

[55] 宋智 . 信息化技术在水利工程建设管理中的应用 [J]. 企业科技与发展，2018（9）：1-165.

[56] 孟光 . 信息化技术在水利工程建设管理中的应用 [J]. 中小企业管理与科技（下旬刊），2018（7）：120-121.